GAODENG YUANXIAO JINGPIN GUIHUA JIAOCAI

高等院校精品规划教材

工程测量实训指导

◎ 张庆宽 董志跃 李香玲 丁建全 李玉芝 著

内 容 提 要

本书是在多年测量实验和测量实习教学经验和教学改革成果的基础上，按照工程测量教学大纲的要求编写而成。内容包括测量须知、测量实验指导、测量实习指导。本书对实验和实习给出了详尽的指导。供高职、高专院校的老师和学生参阅。

本书根据土木工程类专业工程测量课程的特点，突出了实用性、先进性、创新性。可以作为高职、高专院校的工程测量实训教材。

图书在版编目（CIP）数据

工程测量实训指导/张庆宽等著. —北京：中国水利水电出版社，2008

高等院校精品规划教材

ISBN 978-7-5084-5241-8

Ⅰ.工… Ⅱ.张… Ⅲ.工程测量-高等学校-教材 Ⅳ.TB22

中国版本图书馆CIP数据核字（2008）第002716号

书　　名	高等院校精品规划教材 **工程测量实训指导**
作　　者	张庆宽　董志跃　李香玲　丁建全　李玉芝　著
出版发行	中国水利水电出版社 （北京市海淀区玉渊潭南路1号D座　100038） 网址：www.waterpub.com.cn E-mail：sales@waterpub.com.cn 电话：（010）68367658（营销中心）
经　　售	北京科水图书销售中心（零售） 电话：（010）88383994、63202643 全国各地新华书店和相关出版物销售网点
排　　版	中国水利水电出版社微机排版中心
印　　刷	北京市兴怀印刷厂
规　　格	184mm×260mm　16开本　4.5印张　107千字
版　　次	2008年1月第1版　2011年8月第3次印刷
印　　数	8501—12500册
定　　价	**12.00**元

前　言

工程测量教学过程中一个重要的教学环节是实训，它在培养学生的动手能力和解决实际问题的能力上起着重要的作用。为了较好地指导学生的测量实验和测量实习，特编写了本教材，可供水利工程、建筑工程和道路桥梁工程等专业的高职高专学生学习使用。

本教材共分两大部分：一部分是测量实验指导；另一部分是测量实习指导。考虑到各专业和各学校的不同要求，在实验部分编写了14项实验内容。每个实验包括实验目的和要求、仪器和工具、实验内容、实验方法和步骤、注意事项等。为了帮助学生理解和掌握实验的内容，在每个实验后面编写了部分实验问答题。在测量实习指导部分，编写了适合水利工程、建筑工程和道路桥梁工程专业的测量实习指导内容，同时还考虑到了全站仪在工程测量中的应用。

本教材由山东水利职业学院张庆宽、董志跃、李香玲、丁建全、李玉芝著，由张庆宽统稿。

由于编者水平所限，不妥之处恳请各位同仁和读者批评指正。

编　者

2007年12月

目　　录

测量实验须知

一、实验、实习须知

（一）准备工作

（1）实验、实习之前应阅读本指导书，明确实验、实习的内容及要求，初步了解实验、实习方法。

（2）根据实验、实习内容阅读教材中有关章节，弄清基本概念、操作方法，使实验、实习能顺利完成。

（3）按指导书中提出的要求，在实验、实习课前准备好相应的工具。

（二）要求

（1）遵守实习纪律，注意听取指导教师的讲解。

（2）实习中的具体操作应按指导书中的规定进行，如遇问题及时向指导教师提出。

（3）实习中出现的仪器故障应立即报告指导教师，绝不允许自行处理。

二、仪器及工具的借用办法

（1）实习所需的仪器及工具已在指导书上写明，学生应以小组为单位，在实习前向测量仪器室借领。

（2）借领仪器时每组由实习小组长带1～2个人按组的顺序到测量仪器室借领。清点并检查后，由借领人填写仪器、工具借领登记表，并填上班级、组别及日期并签名，然后将登记表交仪器管理人员。要听从实验室管理人员的安排，遵守实验室规定。

（3）实习过程中各组仪器工具应妥善保护，组间不得任意调换。如有损坏和遗失，视情节轻重给予处理并按有关规定赔偿损失。

（4）实习完毕后，应将仪器立即交还仪器室，由管理人员检查清点。

三、测量仪器、工具的正确使用和维护

测量仪器是精密贵重仪器，属国家财产。爱护仪器是大家应有的职责，每个人应该养成爱护仪器的好习惯，使用仪器时应注意下列事项。

（一）领取仪器时的注意事项

领取仪器时应注意箱盖是否锁好，提把或背带是否牢固。

（二）打开仪器箱时的注意事项

（1）应将仪器箱平放在地面上开箱，不要托在手里或抱在怀里开箱，以防将仪器摔坏。

（2）取出仪器前，应记住仪器在箱内的安放位置及方向，以免用完装箱时因安放不正确而损坏仪器。

（三）自箱内取出仪器时的注意事项

（1）取出仪器时应先放松制动螺旋，以免在取出仪器时因强行扭转而损坏制、微动螺旋或纽扣，甚至损坏轴承。

（2）取出仪器时要一手握住基座，另一手扶住支架，不准提望远镜。

（3）取出仪器后，应立即将仪器箱盖好，以免沙土、杂草进入箱内，还要防止搬动仪器箱时丢失附件。

（4）将仪器连接在脚架上时，要一手扶住仪器，一手上紧连接螺旋。注意不要旋得过紧。

（5）严禁将仪器箱当凳子坐。

（四）使用仪器过程中的注意事项

（1）架设要小心，注意拧紧架腿固定螺旋（注意不要旋的过紧），防止自行收缩摔坏仪器；架腿张开角度要适中，铁脚要扎稳。若在斜坡上架设仪器时，应使两条腿在坡下（可稍放长），一条腿在坡上（可稍缩短）。

（2）操作仪器中，司仪人员必须看护好仪器，决不能离开仪器。

（3）操作仪器时，要稳、轻、慢，严格遵守操作程序，不要用手触摸仪器的目镜、物镜，以免玷污镜面，影响成像质量，决不允许用手帕或粗硬纸擦镜头，以免划伤镜面。

（4）在仪器操作过程中出现故障，应立即向指导教师汇报，不得自行处理。

（五）仪器迁站时的注意事项

（1）长距离迁站或通过行走不便的地区时应将仪器装入箱内搬迁，切勿拖行。

（2）短距离迁站时，要将脚架收拢，放松仪器制动螺旋，一手托抱仪器于胸前，一手夹抱架腿于臂下，保持仪器向上或斜上方倾斜，严禁将仪器横杠在肩上或使仪器朝下迁移。

（3）每次搬迁都要清点所有仪器、附件、工具，防止丢失。

（六）仪器装箱时的注意事项

（1）装箱时要用毛刷轻拂仪器上的尘土，将物镜盖盖好，将微动螺旋、脚螺旋回到适中位置，放松各部制动螺旋，安放稳妥后，再将制动螺旋拧紧。

（2）清点箱内附件，如有缺少立即寻找然后将仪器箱关上、扣紧、销好。如遇仪器箱盖关不严时，应注意查找原因、不得强压。

（七）其他仪器、器材的使用和维护

（1）要保护好水准标尺，特别注意保护好尺面。立尺时应双手扶尺，使尺子竖直。不要将尺随意靠在树上或墙上。跑尺时，应以标尺的侧面，立扛在肩上，当把标尺横放在地上时，勿使尺面向下更不能坐在尺上，否则会使尺子弯曲折断，或使尺面漆皮龟裂。

（2）测图板是平板仪的主要附件之一，测图板完好与否直接影响测图工作质量和速度，要特别注意保护好图板面，不要在上面乱刻乱画乱放东西，更不要随便放置图板，以免受损。

（3）花杆、竹杆是用来做临时测量标志用的，不得用以打闹玩耍、不得用来抬东西、晒衣服等，要注意保护花杆上的油漆。

（4）钢卷尺性脆易折断，使用时要加倍小心。若有纽结，应将纽结解开后使用。钢尺前行时，禁止在地面上来回拖行，以防止尺面磨损。不要让车轮碾压钢尺。不要放入水中、泥里。用完后应擦去灰沙，并涂上黄油后卷好尺子。

四、记录要准确、整洁

(1) 记录应用铅笔直接在记录表格中填写，字迹要端正。

(2) 记录必须保持其原始性和真实性，不要用纸片草记后再转抄，如有写错，不准涂改，不准用橡皮揩擦，可用单线将错误的数字划去，然后在其上方添上正确数字，并且在备注上注明划掉的原因。

第一部分　测　量　实　验

实验一　水准仪的认识与使用

一、实验目的与要求

(1) 了解 DS_3 水准仪的基本构造，认清其主要部件的名称及作用。

(2) 练习水准仪的安置、瞄准与读数。

(3) 测定地面两点间高差。

(4) 实验课时为 2 学时。

二、实验仪器与工具

DS_3 水准仪 1 架，水准尺 1 根，记录本 1 本，伞 1 把。

三、实验内容

(1) 熟悉 DS_3 水准仪各部件的名称及作用。

(2) 学会使用圆水准器粗略整平仪器。

(3) 学会瞄准目标，消除视差和读取水准尺读数。

(4) 学会测量地面两点间的高差。

四、实验方法与步骤

(一) 安置仪器

将脚架张开，旋紧脚架伸缩脚螺旋，安置三脚架高度适中，目估架头水平，并将脚尖踩入土中，然后开箱取仪器，并用中心连接螺旋将其连接在三脚架上。

(二) 认识仪器

指出仪器各部件的名称，了解其作用并熟悉其使用方法，同时弄清水准尺的分划与注记。

(三) 粗略整平

如图 1 所示，先用双手同时向内（或向外）转动一对脚螺旋，使其水准器泡移动到第三个脚螺旋与仪器中心连线的方向上，再转动另一只脚螺旋使圆气泡居中，通常需反复进行。注意气泡移动的方向与左手拇指运动的方向一致。

(四) 瞄准水准尺

司尺人员立水准尺于地面点上，司仪人员松开水准仪制动螺旋，转动仪器，用准星和照门粗略瞄准水准尺，固定制动螺旋；用微动螺旋使水准尺大致位于视场中央；转动目镜对光螺旋进行对光，使十字丝分划清晰，再转动物镜对光螺旋看清水准尺影像，转动水平

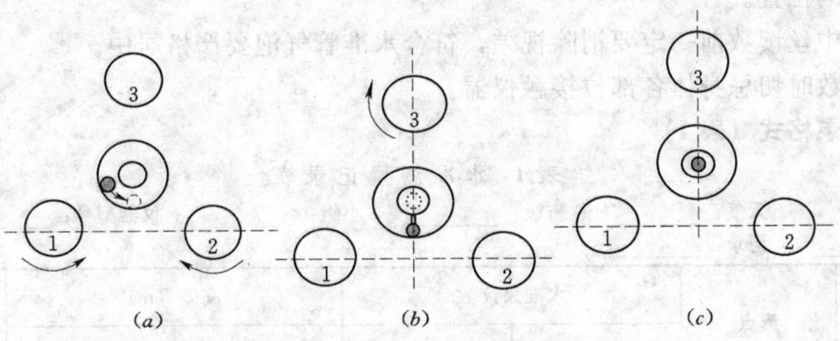

(a)　(b)　(c)

图 1　水准仪粗平示意图

微动螺旋，使十字纵丝平分水准尺。若存在视差，则应仔细进行物镜和目镜对光予以消除。

（五）精平

转动微倾螺旋使符合水准器气泡两端的影像吻合（即成一弧状），也称精平。

（六）读数

用中丝在水准尺上读取 4 位读数，即米、分米、厘米及毫米位。读数时应先估出毫米数，然后按米、分米、厘米及毫米。一次读出 4 位数。

读数示例如图 2 所示：图 2（*a*）的读数为 0.725；图 2（*b*）的读数为 6.252；图 2（*c*）的读数为 1.477。

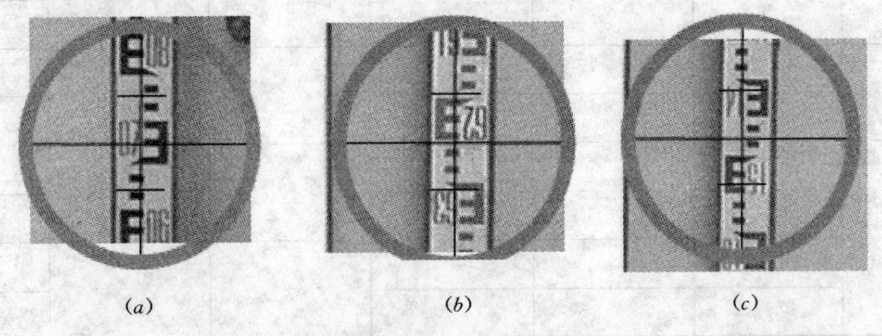

(a)　(b)　(c)

图 2　水准尺读数示例图

（七）测定地面两点间的高差

(1) 在地面选定 *A*、*B* 两个较坚固的点。

(2) 在 *A*、*B* 两点间安置水准仪，使仪器至 *A*、*B* 两点的距离大致相等。

(3) 在 *A* 点上竖立水准尺。瞄准 *A* 点上竖立的水准尺，精平后读数，此为后视读数，记入表 1 中后视读数栏下。

(4) 再将水准尺立于点 *B*，瞄准点 *B* 上的水准尺，精平后读取前视读数，并记入表 1 中前视读数栏下。

(5) 计算 *A*、*B* 两点间的高差 h_{AB}：h_{AB}＝后视读数－前视读数。

五、注意事项

(1) 操作仪器时，转动各个螺旋用力要轻。微动螺旋和微倾螺旋不要旋转到极限，应保持在适中的位置。

（2）读中丝读数前一定要消除视差，符合水准管气泡要严格居中。

（3）读数时切忌身体各部位接触仪器。

六、记录格式（表1）

表1 水准测量记录表

日期：________ 天气：________ 班级：________ 小组：________ 仪器型号：________

观测：________ 记录：________

测 站	测点	水准尺读数		高差（m）		高程（m）
		后视（m）	前视（m）	+	−	

七、实验问答

1. 水准测量的原理是根据水准仪提供的________通过读取竖立在两点上水准尺上的读数，测定两点间的________，从而由已知点的高程来求________。

2. DS_3 水准仪，D代表________，S代表________，3代表________。

3. 在水准测量中，通过________________进行粗略整平，通过________进行精确整平。

4. 消除视差的方法是________________________。

5. 对于双面尺，黑面尺底读数都为零，而红面尺底读数，一根尺是4.687m，另一根是4.787m，为何要这样设置？

6. 双面尺的最小刻划为__________，水准测量的读数有____位，最后一位是怎样读取的？

7. 何为后视？何为前视？

8. 有 A、B 两点，当高差 h_{AB} 为负时，A、B 两点哪点高？高差 h_{AB} 为正时是哪点高？

9. 微倾式水准仪在读数之前是否每次都要将水准管气泡居中？为什么？

实验二 普通水准测量

一、实验目的与要求

(1) 掌握普通水准测量的施测、记录、计算及闭合差调整和高程计算的方法。

(2) 熟悉水准路线的布设形式。

(3) 实验课时为2学时。实验小组由4～5人组成。

二、实验仪器与工具

微倾式 DS_3 水准仪1台，水准尺2根，尺垫2个，记录板1块，测伞1把。

三、实验内容

(1) 进行一条闭合水准路线的观测（至少观测4站）。

(2) 检验观测精度，合格后进行闭合差的调整和高程推算。

四、实验方法与步骤

(1) 在地面选定 A、B、C、D 4个坚固点作为待定高程点，BM_0 为已知高程点，其高程由老师提供。安置仪器于 BM_0 和 A 点之间，目估前、后视距离相等，进行粗略整平。测站编号为1。

(2) 后视 BM_0 点上的水准尺，精平后消除视差读取后视读数，记入手簿。

(3) 前视 A 点上的水准尺，精平后读取前视读数，记入手簿。

(4) 计算高差：高差＝后视读数－前视读数。

(5) 迁至第2站继续观测。沿选定的路线，将仪器迁至 A 点和 B 点的中间，仍用第一站施测的方法，后视 A 点，前视 B 点。经过 B、C、D 点连续观测，最后仍回到 BM_0 点，形成一条闭合水准路线。

(6) 计算检核：$\sum$后视读数－$\sum$前视读数＝$\sum$高差

(7) 内业计算：高差闭合差的计算与调整

$$f_h = \sum h$$

$$f_{h允} = \pm 12\sqrt{n} \quad (\text{mm})$$

调整
$$\nu_{hi} = -\frac{f_h}{\sum n} n_i$$

注意：调整值保留到整毫米。使各调整值的总和等于负的 f_h。

(8) 计算待定点高程：根据已知高程点 BM_0 的高程和各点间改正后的高差计算 A、B、C、D 4点的高程，最后算得 BM_0 的点高程应与已知值相等，以资校核。

五、注意事项

(1) 前、后视距应大致相等。

(2) 同一测站，圆水准器只能整平一次。

（3）每次读数前，要消除视差和精平。

（4）水准尺应竖直，水准点和待测点上立尺不放尺垫，只在转点处放尺垫，也可选择有凸出点的坚实地物点作为转点而不用尺垫。

（5）仪器未搬迁，前、后视点处的水准尺不得移动。仪器搬迁了，后视尺才能前进。

六、记录格式（表2）

表2　普通水准测量记录表

日期：________　天气：________　班级：________　小组：________　仪器型号：

观测：________　记录：________

测站	测点	后视读数（m）	前视读数（m）	高差（m）	高差改正数（m）	改正后的高差（m）	高程（m）	备注
总和								
辅助计算								

七、实验问答

1. 为什么在水准测量中要求前、后视距离相等？

2. 什么是视差？产生视差的原因是什么？如何消除视差？

3. 水准路线布设有哪几种形式？

4. 什么是转点？转点在水准测量中起什么作用？

5. 在水准测量中，水准仪在测站上由后视转为前视，发现圆水准器气泡偏离中心，应怎样处理？

6. 在进行水准测量时，已知水准点、未知水准点、转点中，哪些点需要放置尺垫？

7. 水准路线的高差闭合差是如何计算的？

8. 水准路线的高差闭合差为什么要按测段的距离或测站数成比例进行分配，分配的余数为什么要强制分配在较长的测段上？

9. 闭合水准路线与附合水准路线的内业计算有什么区别？

10. 等外水准测量路线的布设形式有哪几种？哪一种需要进行往返观测？

11. 视线高是＿＿＿＿＿＿加＿＿＿＿＿。

12. 计算并调整表 3 中闭合水准路线的闭合差，求出路线中各点的高程。

表 3　水准路线高程计算表

测点	距离 (km)	高差 (m)	改正数 (mm)	改正后的高差 (m)	高程 (m)
A					5.123
	1.3	＋1.356			
1					
	0.8	＋2.414			
2					
	2.4	－3.012			
3					
	1.7	－0.712			
A					5.123

辅助计算：

实验三　四等水准测量

一、实验目的和要求

(1) 进一步熟练水准仪的操作，掌握用双面水准尺进行四等水准测量的观测、记录与计算方法。

(2) 熟悉四等水准测量的主要技术要求，掌握测站及线路的检核方法（表 4）。

(3) 实验课时为 2 学时。

表 4　三等、四等水准测量的主要技术要求

等级	视线长度 (m)	视线高度 (m)	前后视距差 (m)	前后视距累积差 (m)	红黑面读数差 (mm)	红黑面高差之差 (mm)
三等	≤75	≥0.3	≤2	≤6	≤2	≤3
四等	≤100	≥0.2	≤3	≤10	≤3	≤5

二、实验仪器和工具

DS_3 水准仪 1 台，双面水准尺 2 根，记录板 1 块，伞 1 把。

三、实验内容

练习用四等水准测量观测一闭合水准路线，并进行高差闭合差的调整与高程计算。

四、实验方法与步骤

(一) 观测

选择一条闭合水准路线，按下列程序进行逐站观测：

(1) 竖立水准尺，安置水准仪。照准后视尺黑面，精平并消除视差后读取黑面尺下、上、中三丝读数；后视尺有黑面转为红面，读取红面中丝读数；记入手簿。

(2) 照准前视尺黑面，精平并消除视差后读取黑面下、上、中三丝读数，前视尺由黑面转为红面，读取红面中丝读数，记入手簿。以上观测程序可简记为“后—后—前—前”。

(3) 迁站进行下一站观测，直到观测完成。

(二) 记录与测站计算

将观测数据记入四等水准记录表中相应栏内，并及时算出前、后视距及前、后视距差，累积视距差，红黑面读数差，黑红面高差及高差之差。当符合上表中的限差要求后，方可迁站。

测站的计算和检核主要有以下几个步骤。

1. 视距部分

后视距离　　　　(9) ＝ (1) － (2)

前视距离　　　　(10) ＝ (5) － (6)

前、后视距差　　(11) = (9) − (10)

视距部分各项限差见三、四等水准测量技术要求表。

2. 中丝读数误差计算

后视尺黑红面读数差　　(13) = (3) + K_1 − (4)

前视尺黑红面读数差　　(14) = (7) + K_2 − (8)

3. 高差计算部分

黑面所测高差　　(15) = (3) − (7)

红面所测高差　　(16) = (4) − (8)

黑、红面高差之差　　(17) = (15) − (16) ±0.1

高差部分各项限差详见三等、四等水准测量技术要求表。

测站上各项限差若超限，则该测站需重测。若检核合格，则可计算测站平均高差。然后搬仪器到下一测站观测。

平均高差　　(18) = [(15) + (16) ±0.1] /2

4. 每页计算总检核

(1) 高差检核：

黑面各站高差总和　　$\sum(15)=\sum(3)-\sum(7)$

红面各站高差总和　　$\sum(16)=\sum(4)-\sum(8)$

上两式相加得

$$\sum(15)+\sum(16)=\sum[(3)+(4)]-\sum[(7)+(8)]$$

偶数站时　　$\sum(15)+\sum(16)=2\sum(18)$

奇数站时　　$\sum(15)+\sum(16)=2\sum(18)\pm0.1\mathrm{m}$

(2)视距检核：

$$\sum(9)-\sum(10)=(12)_{末站}$$

$$本页总视距=\sum(9)+\sum(10)$$

五、技术要求

(1) 视线长度小于100m；前后视距差不得超过3m；累积视距差不得超过10m。

(2) 黑、红面读数差（即 K+黑−红）不得超过±3mm。

(3) 一测站黑、红面高差之差不应超过±5mm。

(4) 高差闭合差应不超过±20 $\sqrt{L}$mm 或±6 $\sqrt{n}$mm。

六、注意事项

(1) 在一测站上，观测员操作仪器由后视转为前视后的读数前一定再一次转动微倾螺旋使水准管气泡居中。

(2) 记录员在记录的同时要复读观测员的读数，并及时进行测站计算校核，符合要求后方可迁站，否则应重测。

(3) 记录员记录数字要工整清晰，计算准确无误，决不能涂改。字码有误时，可用斜杠划掉，在原字码的上方或下方添上正确字码，在备注栏里要注上划掉的原因。

(4) 后视尺在仪器未迁站时，不得移动，仪器迁站时前尺不得移动。

七、记录格式（表5）

表5　四等水准测量外业记录表

日期：____年____月____日　　天气：________　　仪器型号：________　　组号：________

观测者：________　　记录者：________　　司尺：________

测点编号	后尺 上丝 / 下丝	前尺 上丝 / 下丝	方向及尺号	标尺读数		K+黑−红 (mm)	高差中数 (m)	备注
	后距	前距		黑面 (m)	红面 (m)			
	视距差	累加差						
	(1)	(5)	后尺1号	(3)	(4)	(13)	(18)	
	(2)	(6)	前尺2号	(7)	(8)	(14)		
	(9)	(10)	后−前	(15)	(16)	(17)		
	(11)	(12)						
			后					
			前					
			后−前					
			后					
			前					
			后−前					
			后					
			前					
			后−前					
			后					
			前					
			后−前					
每页检核								

八、实验问答

1. 在“四等水准测量的主要技术要求”中，“视线长度”是指________，“前后视距差”是指________________，“前后视距差积累”是指__________，“黑红面读数差”是指__________，“黑红面高差之差”是指________。

2. 在四等水准测量中，读黑面下、上视距丝读数，目的是____________，公式为____________。

3. 四等水准测量中，水准尺如何前进？

4. 四等水准测量高差中数计算公式为____________。

5. 四等水准路线高差闭合差允许值为____________或____________。

6. 四等水准和等外水准在测站和路线限差要求上有哪些不同?

7. 写出四等支水准路线的允许闭合差计算公式，R 代表什么?

实验四 水准仪的检验与校正

一、实验目的与要求

(1) 了解水准仪的主要轴线及它们之间应满足的几何条件。

(2) 掌握水准仪的检验与校正的方法。

(3) 实验课时为 2 学时，实验小组由 4 人组成。

二、实验仪器与工具

(1) 实验设备为 DS_3 水准仪 1 台，水准尺 2 根，小改锥 1 把，校正针 1 根，记录板 1 块。

(2) 实验场地安排在视野开阔、地面平坦、土质坚硬、长度在 80～100m 的场地。

(3) 各小组对所领水准仪进行检验校正，记录在实验报告中，实验结束时，每组上交一份实验报告。

三、实验内容

水准仪的检验与校正。

四、实验方法与步骤

(一) 一般性检验

检查三脚架是否稳固，安置仪器后检查制动螺旋、微动螺旋、对光螺旋、脚螺旋转动是否灵活，是否有效，结果记录在实验报告中。

(二) 圆水准器轴平行于仪器竖轴的检验与校正

(1) 检验：转动脚螺旋，使圆水准器气泡居中，将仪器绕竖轴旋转 180°，若气泡仍居中，说明圆水准器轴平行于仪器竖轴，否则需要校正。

(2) 校正：如图 3 所示，用改锥拧松圆水准器底部中央的固定螺丝，再用校正针拨动圆水准器底部的 3 个校正螺丝，使气泡返回偏移量的一半，然后转动脚螺旋使气泡居中。重复以上步骤，直到圆水准器的气泡在仪器旋转到任何位置都居中为止，最后拧紧固定螺丝。

(三) 十字丝横丝（中丝）垂直于仪器竖轴的检验与校正

(1) 检验：用十字丝横丝一端瞄准固定点状目标，转动微动螺旋，使其移至横丝另一端。若目标点始终在横丝上移动，说明横丝垂直于仪器竖轴，否则需要校正。

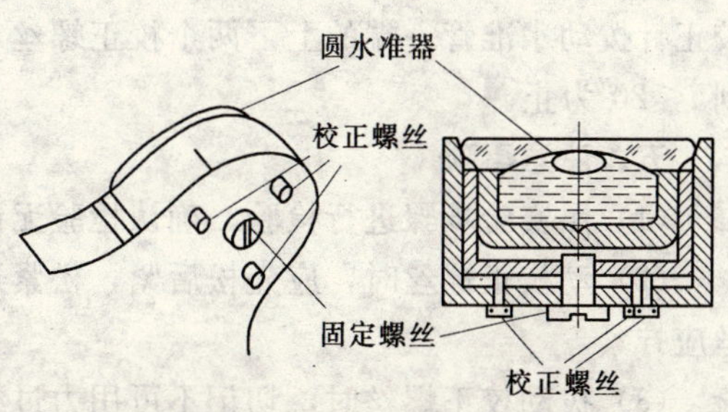

图 3 圆水准器的校正示意图

(2) 校正：如图 4 所示，旋下十字丝分划板护罩，用小改锥松开十字丝分划板座的

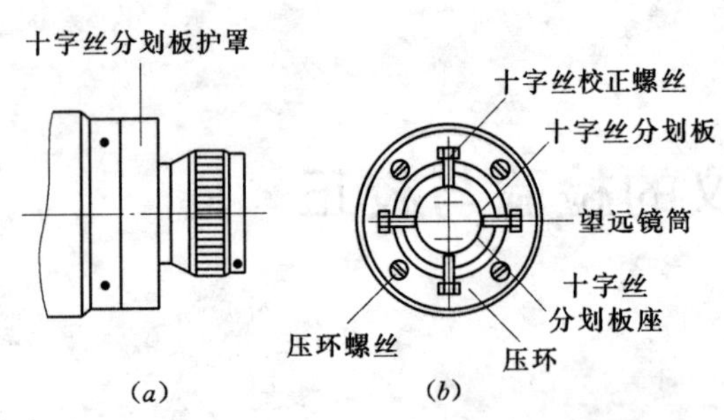

图 4 十字丝横丝（中丝）的校正示意图

固定螺丝，微微转动十字丝分划板座，使十字丝横丝端点至点状目标的间隔减小一半，再返转到起始端点。重复上述步骤，直到无显著误差为止。最后将固定螺丝拧紧。

（四）水准管轴平行于视准轴的检验与校正

（1）检验：如图 5 所示，在地面上选 A、B 两点，相距 80～100m，各点钉木桩（或放置尺垫），并量出中点 C 打桩。安置水准仪于 C 点，立水准尺于 A、B 两点。采用改变仪器高度法两次测出 A、B 两点间高差 h_{AB}。若两次测得高差之差绝对值不大于 3mm，取其平均值作为 A、B 两点间的正确高差。然后在 B 点附近 2～3m 处安置水准仪，分别读取 A、B 两点的水准尺读数 a_2'、b_2'，应用公式 $a_2=b_2+h_{AB}$，求得 A 尺上的水平视线读数 a_2'。若 $a_2'=a_2$ 则说明水准管轴平行于视准轴，若 $a_2'\neq a_2$，应计算 i 角，当 i 角大于 20″时需要校正。i 角的计算公式为

$$i=|a_2-a_2'|\times\rho''/D_{AB}$$

式中 D_{AB}——A、B 两点间的距离；

ρ''——$\rho''=206265$。

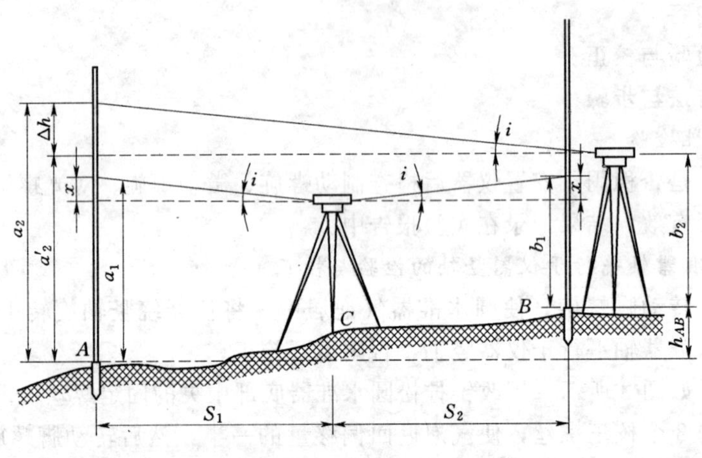

图 5 水准管轴检验示意图

（2）校正：转动微倾螺旋，使横丝对准正确读数 a_2'，这时水准管气泡偏离中央，用校正针拨动水准管一端的上下两个校正螺丝，使气泡居中。再重复以上检验校正步骤，直到 $i\leqslant 20''$为止。

五、注意事项

（1）照实验步骤进行检验，确认检验无误后才能进行校正。

（2）动校正螺丝时，应先松后紧，松紧适当；校正完毕后，校正螺丝应稍紧，固定螺丝应拧紧。

（3）拨动校正螺丝时，切记不可用力过猛，以免损坏仪器。

六、检校记录表

DS_3 水准仪的检验与校正实验报告如下：

仪器型号编号________　日期________　班组________　姓名________

1. 一般性检验记录（表6）

表6　一般性检验记录表

检验项目	检验结果
三脚架是否牢固	
脚螺旋是否有效	
制动与微动螺旋是否有效	
微倾螺旋是否有效	
对光螺旋是否有效	
望远镜成像是否清晰	

2. 圆水准轴平行于仪器竖轴的检验与校正记录（表7）

表7　水准器轴平行于竖轴的检验与校正记录表

脚螺旋整平并旋转180°，气泡位置	
校正后气泡位置	

3. 十字丝横丝垂直于竖轴的检验与校正记录（表8）

表8　十字丝横丝垂直于竖轴的检验与校正记录表

十字丝横丝与目标点的位置关系	
检验前位置	检验后位置

4. 视准轴平行于水准管轴的检验记录（表9）

表9　视准轴平行于水准管轴的检验记录表

仪器位置	项目	第一次	第二次	备　注
在中点测高差	A尺上的读数 a_1			
	B尺上的读数 b_1			
	$h'_{AB}=a_1-b_1$			
	平均高差 h_{AB}			
在 A 点附近检验	A尺上读数 a_2			
	B尺上读数 b_2			
	$b'_2=a_2-h_{AB}$			
	偏差值 $\Delta b=b_2-b'_2$			
	$i''=\mid\Delta b\mid\times\rho/D_{AB}$			

七、实验问答

1. 水准仪的主要轴线有：________、________、________、________。

2. 水准仪的几条轴线应满足的几何条件是什么？

3. 水准仪检验的内容包括哪些？具体各项检验方法是什么？校正的方法是什么？

4. “圆水准器轴平行于仪器竖轴的检验与校正”中，用改锥拧松圆水准器底部中央的固定螺丝，再用校正针拨动圆水准器底部的 3 个校正螺丝，使气泡返回偏移量的一半，目的是__________，然后转动脚螺旋使气泡居中，目的是________________________。

5. 水准测量中使水准仪尽量安置在距两水准尺等距离处，目的是消除哪些误差？

实验五　DJ_6型光学经纬仪的认识

一、实验目的与要求

(1) 认识DJ_6型光学经纬仪的构造和各主要部件的作用，要求初步掌握水平、竖直制动螺旋和微动螺旋的使用方法。

(2) 掌握水平度盘和竖直度盘的读数方法。

(3) 初步掌握经纬仪的对中、整平工作，进一步掌握望远镜的使用方法。

(4) 实验课时为2学时。

二、实验仪器和工具

DJ_6型光学经纬仪，经纬仪脚架，记录板，木桩，锤子，长测钎，测钎架。

三、实验内容

(1) 练习经纬仪的对中、整平及各部件的使用方法。

(2) 用经纬仪测定某两个目标点间的水平角。

(3) 用经纬仪测定某个目标点的竖直角。

(4) 分别用盘左、盘右位置来测量水平角和竖直角，注意盘左、盘右读数间的关系。

四、实验方法与步骤

(1) 在实习场地钉一木桩，桩顶钉一小钉（或画十字）作为测站点的点位。先将三脚架架于测站点上方，然后取出仪器，与三脚架头上的中心连接螺旋相连接，不宜用力过度。

(2) 对中：使仪器水平度盘中心与地面测站点位于同一铅垂线上。

常用的对中方法有垂球对中和光学对中两种。垂球对中的误差一般可控制在3mm以内；而光学对中的误差可控制在1mm以内。本次实验中采用光学对中的方法。

光学对中时应保持三脚架头处于大致水平位置。初步对中时，先使三脚架之一腿着地，然后双手执另二腿作前后、左右移动，使对中器十字交点对准桩顶小铁钉，将架脚踩入土中。稍微旋松架头连接螺旋，移动基座部分使对中器十字交点准确对中测站点。然后调节脚架腿伸缩使照准部圆水准气泡居中。

(3) 整平：将仪器的水平度盘置于水平位置。

旋转仪器照准部至水准管与任意两个脚螺旋连线平行，相对调节两个脚螺旋使水准管气泡居中，然后将仪器照准部旋转90°，再调节第三个脚螺旋，使水准管气泡居中，如图6所示。此项工作反复数次，直

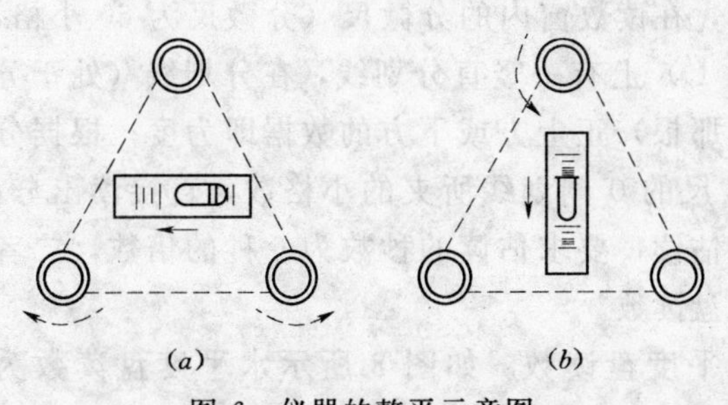

图6　仪器的整平示意图

至在任何位置气泡偏差不超过一格（2mm）为止。

（4）了解 DJ_6 型光学经纬仪的基本构造、各部件名称，掌握其操作方法。国产 DJ_6 型光学经纬仪如图 7 所示。

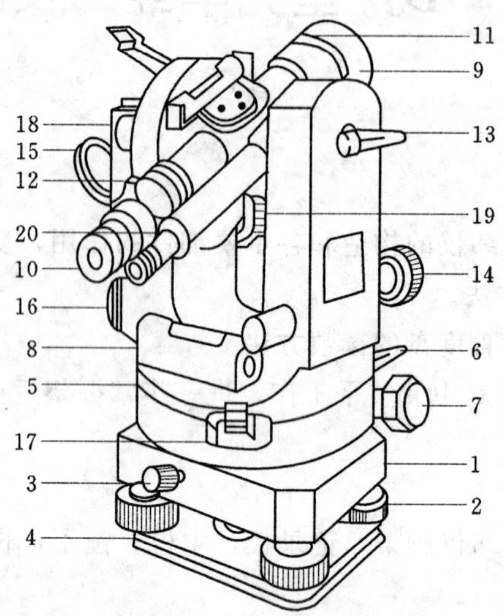

图 7 DJ_6 型光学经纬仪构造示意图

1—基座；2—脚螺旋；3—轴套制动螺旋；4—脚螺旋压板；5—水平度盘外罩；6—水平方向制动螺旋；7—水平方向微动螺旋；8—照准部水准管；9—物镜；10—目镜调焦螺旋；11—瞄准用的准星；12—物镜调焦螺旋；13—望远镜制动螺旋；14—望远镜微动螺旋；15—反光照明镜；16—度盘读数测微轮；17—复测；18—竖盘水准管；19—竖盘水准微动螺旋；20—度盘读数显微镜

（5）瞄准：用望远镜瞄准目标。

1）将望远镜对向亮处（天空），调节目镜调焦螺旋，使十字丝像清晰。

2）转动照准部与望远镜，先用镜外瞄准装置对准目标，旋紧望远镜与照准部制动螺旋。

3）调节物镜调焦螺旋，使目标像清晰。

4）调节望远镜与照准部微动螺旋，使十字丝交点精确对准目标，并注意消除视差。

（6）读数：读取水平度盘与竖直度盘读数。

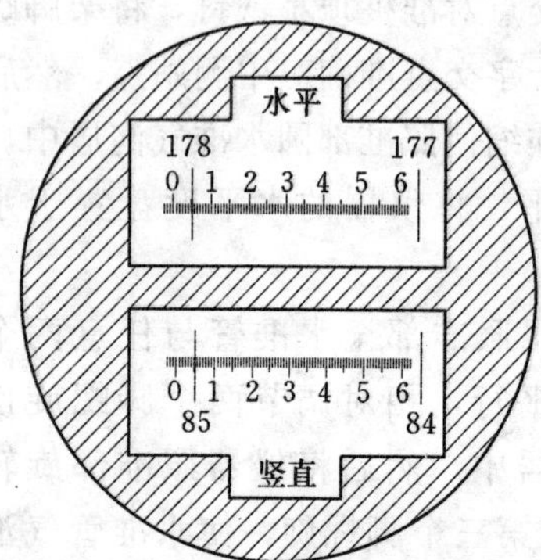

图 8 DJ_6 型光学经纬仪读数示意图

打开反光镜，调节读数显微镜目镜，使度盘与分微尺像同时清晰。

读数时，在读数窗内的分微尺（分微尺为 60 小格，每小格代表 1′）上有一竖直分划线，在分划线（处于分微尺之间的那根）正上方或下方的数据即为度；根据分划线与分微尺的 0 刻划线所夹的小格数，直接读出分，不足 1 小格估读，要求估读的秒数为 6 秒的倍数，二者合之即为度盘读数。

读取水平度盘读数。如图 8 所示水平度盘读数为 178°05′00″。

调节竖盘指标水准管微动螺旋，使竖盘指标水准管气泡居中（或使气泡影像符合），读取竖直度盘读数。如图 8 中竖直度盘读数为 85°06′18″。

五、记录格式（表 10）

表 10　度盘读数记录表

测站	目标	竖盘位置	水平度盘读数	竖直度盘读数	备　注
A	1	L			
		R			
	2	L			
		R			

六、注意事项

(1) 仪器开箱时，必须仔细观察仪器在箱中的安放位置，以便在仪器使用完毕时，很方便地放回箱中。

(2) 仪器安装至三脚架上，必须随即将架头连接螺旋旋紧。各种制动螺旋未放松时，不可强行转动仪器。必须用双手扶着望远镜的支架转动仪器，不允许用手拿着望远镜转动仪器。

(3) 仪器上各种螺旋不宜拧得过紧，以免损伤轴身。

(4) 读数前要消除视差，注意先目镜后物镜的调节顺序。

七、实验问答

1. 安置经纬仪包括________和________。

2. 经纬仪整平时，使照准部水准管________于两个脚螺旋的连线，转动________使水准管气泡居中。然后再将照准部转动________，再转动________使气泡居中。

3. 望远镜在竖直面内的转动用________来控制，照准部在水平面的转动用________控制。正确使用制动螺旋和微动螺旋的方法是________制动后________。

4. 瞄准目标时，应先松开________螺旋和________螺旋，用________进行粗略瞄准，转动________和________使物象和十字丝清晰，再转动________和________螺旋精确瞄准目标。

5. 经纬仪对中是为了使________，整平是为了使________。

6. 分微尺读数可直读到________，估读到________。

7. 瞄准目标和读取度盘读数都要消除________。

8. 测水平角时，瞄准目标要瞄目标杆的________。测竖直角时，瞄准目标要瞄目标杆的________。

实验六 测回法观测水平角

一、实验目的与要求

(1) 练习用测回法观测水平角的方法。

(2) 掌握用测回法观测水平角的记录与计算方法。

(3) 实验课时为2学时。

二、实验仪器与工具

DJ_6型光学经纬仪，经纬仪脚架，木桩，锤子，长测钎，测钎架，记录板。

三、实验内容

练习完成用测回法观测1个水平角2个测回的观测。

四、实验方法与步骤

(1) 在施测地区布置A、B、O三点，在O点打下木桩，桩顶钉以小钉或画十字标志点位，作为测站点。在A、B点打下木桩，桩顶钉以小钉或画十字标志点位，桩上各竖立测钎，作为目标点。

(2) 测回法观测水平角。

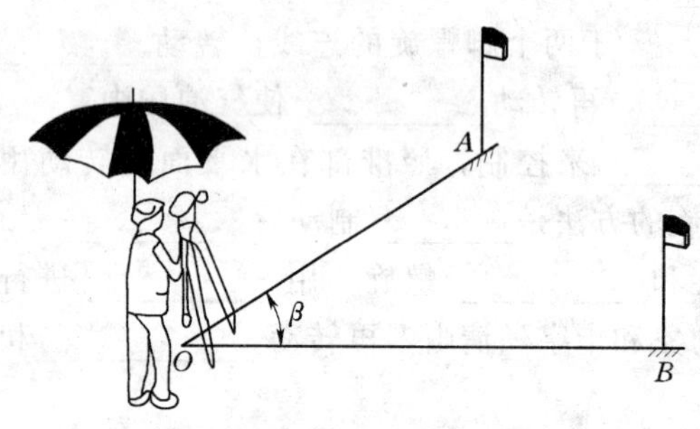

图9 测回法观测水平角示意图

1) 安置经纬仪于O点，进行对中。

2) 将仪器整平，并调节好望远镜准备观测。

3) 盘左（正镜）时，先转动照准部，瞄准左目标A，转动度盘变换手轮使度盘读数对在0°～1°之间，读取水平度盘读数，设为a_1；然后顺时针方向转动照准部瞄准右目标B，读取水平度盘读数，设为b_1。以上盘左测角一次，称为上半测回，其角值为

$$\beta_L = b_1 - a_1$$

4) 倒转望远镜（即望远镜横轴转180°）成盘右（倒镜）时，先瞄右目标B，读取水平度盘读数，设为b_2；逆时针转动照准部再瞄准左目标A，读取水平度盘读数，设为a_2。则下半测回的角值为

$$\beta_R = b_2 - a_2$$

上半测回与下半测回所测角值之差的绝对值，不得超过40″，即

$$|\beta_L - \beta_R| \leqslant 40''$$

两个半测回合起来称为一测回，则该测回的水平角为

$$\beta = (\beta_L + \beta_R)/2$$

如果两个半测回所测角值之差的绝对值超过40″，应该检查原因，如果属于观测错误则必须重新观测。

五、记录格式（表11）

表11　测回法测量水平角记录表

仪器型号：________　天气：________　日期：________　观测：________　记录：________

测　站	测　回	目　标	竖盘位置	水平度盘读数 (°′″)	半测回水平角 (°′″)	一测回水平角 (°′″)	各测回平均水平角 (°′″)
O	1	A	L				
		B					
		B	R				
		A					
	2	A	L				
		B					
		B	R				
		A					

六、注意事项

(1) 目标不能瞄错，应尽量瞄准测钎的底端，并用十字丝竖丝瞄准测钎中间位置。

(2) 计算时，须注意左角和右角的区别，用夹角右侧目标读数减去左侧目标读数，如计算出现负值，应将计算结果加上360°，使水平角值在0°～360°之间。

(3) 水平角观测时，应随测随记。观测完毕，应立即将水平角值算出。先将前半测回测完再进行后半测回观测，并注意检核$|\beta_L-\beta_R|\leqslant 40''$，超限应重测。

(4) 不同测回之间，可按（180°/n）配置水平度盘。如：需测两个测回时，即第一测回将起始方向的水平度盘配置到0°00′或稍大于0°00′处后再进行观测；第二测回则将起始方向的水平度盘配置到90°00′处或稍大于90°00′处。

(5) 不同测回间水平角互差应小于24″，超限需重测。

(6) 读记错误的秒值不许改动，应重新观测。读记错误的度、分值必须在现场更改，但同一方向的盘左、盘右、半测回方向值三者不得同时更改两个相关数字，同一测站不得有两个相关数字连环更改，否则均应重测。

七、实验问答

1. 空间两相交直线在________面上投影后的夹角，称为水平角。

2. 经纬仪望远镜瞄准同一竖直平面内不同高度的点，在水平度盘上的读数________。

3. 计算水平角是用右目标读数减左目标读数，若不够减时，应________后再相减。

4. 多测回观测时，测回间起始目标在度盘上的读数应变动，变动幅度按________计算。各测回之间变动起始目标读数的目的是为了减少________造成的测角误差。

5. 经纬仪对中误差应小于________mm。长水准管整平误差应小于________。

6. 同一测回中上、下两半测回角值之差的绝对值应________，同一个角的各测回角值之差应小于________。

7. 观测水平角瞄准目标时应尽量瞄准目标杆________。

8. 如果进行 3 个测回的水平角观测，第 3 个测回的盘左起始读数应配置多少？

9. 观测水平角时，对中的目的是什么？整平的目的是什么？

10. 在进行水平角观测记录时，应注意哪些问题？哪些数字不能更改？为什么说保证成果的严肃性是每个测绘工作者的职责？

实验七　全圆测回法观测水平角

一、实验目的与要求

(1) 初步掌握全圆测回法观测水平角的观测、记录、计算方法。

(2) 进一步熟悉经纬仪的使用操作方法。

(3) 要求每个同学独立观测 1～2 个测回，独立完成记录计算。

(4) 各测回起始目标在度盘上的读数按 $180°/n$ 配置。

(5) 实验课时为 2 学时。

二、实验仪器与工具

DJ_6 型光学经纬仪，经纬仪脚架，木桩，锤子，长测钎，测钎架，记录板。

三、实验内容

练习全圆测回法观测水平角。

四、实验方法与步骤

(1) 将经纬仪安置在测站上进行对中、整平。然后经纬仪在盘左位置瞄准 4 个目标中通视良好的目标作为起始目标 A，配置度盘在 0°～1°之间，读取度盘读数，记入手簿。

(2) 顺时针方向转动照准部依次瞄准目标 B、C、D，分别读取各目标方向在度盘上的读数，最后顺时针转动照准部再瞄准起始目标 A，并读取目标方向在度盘上的读数，记入手簿。至此完成全圆测回法观测水平角的上半测回的观测。A 目标两次读数之差称为上半测回归零差，J_6 经纬仪要求归零差不大于 18″，J_2 经纬仪要求归零差不大于 8″。

(3) 打开照准部水平制动螺旋和望远镜制动螺旋，将仪器由盘左变为盘右，瞄准上半测回最后观测的目标 A，读取度盘读数。然后逆时针转动照准部依次瞄准目标 D、C、B、A，分别读取各自在度盘上的读数，记入手簿。目标 A 两次读数之差称为下半测回归零差，要求归零差不大于 18″。到此完成全圆测回法一个测回的观测。

(4) 计算 $2C$ 值。

$$2C=盘左读数-盘右读数$$

J_2 经纬仪要求 $2C$ 互差不大于 13″，J_6 经纬仪不作此要求。

(5) 计算同一测回目标平均方向值和归零方向值。

$$平均方向值=[L+(R\pm180°)]/2$$

$$归零方向值=目标平均方向值-起始目标平均方向值$$

(6) 计算各测回同一目标归零方向值的平均值。

规范规定：J_2 经纬仪各测回同一目标归零方向值互差不大于 9″；J_6 经纬仪各测回同一目标归零方向值互差不大于 24″。

(7) 水平角计算。

五、注意事项

（1）瞄准目标时要瞄准目标杆底部。

（2）瞄准目标和度盘读数时一定要消除视差。

（3）记录计算人员要边记录边计算，发现精度不符合要求时应及时提醒观测人员重测。

六、记录格式（表12）

表12 全圆测回法观测记录表

仪器型号：________ 天气：________ 日期：________ 观测：________ 记录：________

测站	测点	水平度盘读数		2C (″)	$\frac{盘左+盘右\pm180°}{2}$ (° ′ ″)	归零方向值 (° ′ ″)	各测回平均方向值 (° ′ ″)	水平角 (° ′ ″)
		盘左 (° ′ ″)	盘右 (° ′ ″)					

七、实验问答

1. 全圆测回法适用于在一测站上观测________以上的目标。

2. 当在测站 O 上观测 A、B、C、D、E 5个目标，以 A 作为起始目标时，盘左观测顺序为________，盘右观测顺序为________。

3. 多测回进行全圆测回法观测水平角时，起始目标在度盘上按__________配置位置。

4. 全圆测回法半测回起始目标两次读数之差称为________，用 J_2 仪器进行全圆测回法观测，归零差为________，用 J_6 仪器进行全圆测回法观测，归零差为________。归零差超限的原因是什么？

5. $2C$ 的含义是________，$2C$ 值计算方法是____________。

6. 当在一测站上观测 3 个以下目标时，可以不归零，3 个以上（不包括 3 个）时须归零，为什么？

7. 为什么要进行归零方向值计算？同一测站、同一目标在不同测回中归零方向值之差对于用 J_2 仪器其差值应不大于________，J_6 仪器其差值应不大于________。

8. 测回法和全圆测回法都要求采用盘左和盘右观测，取其平均值其目的是________。

实验八 竖直角观测

一、实验目的与要求

(1) 练习竖直角的观测与计算。

(2) 练习竖盘指标差的测定与计算。

(3) 实验课时为2学时。

二、实验内容

每个小组使用两台仪器同时观测，各人需完成1个竖直角2个测回的观测任务。

三、实验仪器与工具

DJ_6型光学经纬仪，经纬仪脚架，木桩，锤子，长测钎，测钎架，记录板。

四、实验方法与步骤

(1) 在施测地区布置一个点O，打下木桩，桩顶钉以小钉或画十字标志点位，作为测站点。

(2) 安置仪器在测站点O上，进行对中、整平，准备观测。

(3) 以盘左位置，望远镜瞄准一高处目标点A或低处目标点B（如建筑物顶部或花秆顶部等），如图10所示，然后调节竖盘指标水准管微动螺旋，使竖盘指标水准管气泡严格居中，再读取竖盘读数L。

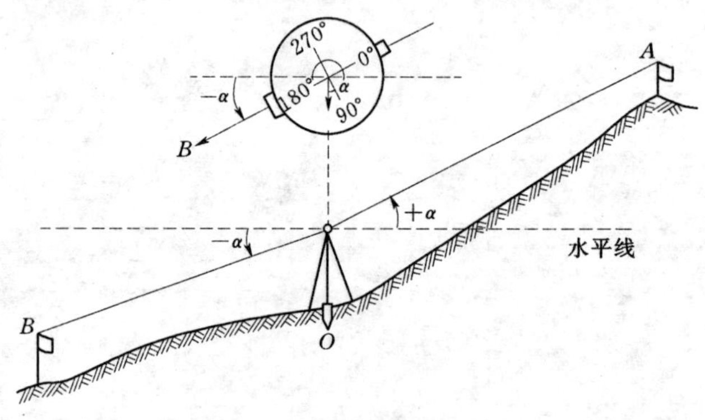

图10 竖直角观测示意图

(4) 以盘右位置，再次瞄准同一目标，使竖盘指标水准管气泡严格居中后读取竖盘读数R。

(5) 计算竖盘指标差，计算公式为

$$x=(L+R-360°)/2$$

其中指标差x应以秒为单位。

计算竖直角 α，计算公式为

$$\alpha_L = 90° - L$$

$$\alpha_R = R - 270°$$

$$\alpha = (\alpha_L + \alpha_R)/2$$

其中，平均竖直角要以度分秒为单位。

五、记录格式（表13）

表13　竖直角测量记录表

仪器型号：________　天气：________　日期：________　观测：________　记录：________

测站	目标	竖盘位置	竖直度盘读数 (° ′ ″)	竖直角 (° ′ ″)	指标差 (″)	平均竖直角 (° ′ ″)
O	A	L				
		R				
	B	L				
		R				

六、注意事项

(1) 竖直角观测时，应尽量用十字丝横丝切准目标的顶部。

(2) 竖直角观测时，每次读数前应使竖盘指标水准管气泡居中。

(3) 同一台仪器观测数据的指标差之间的互差不得超过25″，超限应重测。

(4) 竖直角有正负之分，计算结果应在－90°～＋90°之间。

七、实验问答

1. 竖直角是指在同一竖直平面内，目标方向线与________所夹的角。竖直角又分为________和________两种。规定仰角为________，俯角为________。

2. 进行竖直角观测时要瞄准目标杆的__________。

3. 竖直角观测时，读取竖直度盘读数前要调整____________________居中。

4. 竖盘指标差是指在望远镜视线水平，竖直度盘水准管气泡居中时________偏离正确位置的小角度。

5. 竖直角观测采用盘左、盘右观测的目的是为了消除__________。

6. 计算竖盘指标差的公式为____________________。

实验九 DJ_6 型光学经纬仪的检验与校正

一、实验目的与要求

(1) 认识 DJ_6 型光学经纬仪各轴线间的正常关系。

(2) 掌握 DJ_6 型光学经纬仪的检验与校正的程序与方法。

(3) 实验课时为 3～4 学时。

二、实验内容

(1) 水准管轴的检验与校正。

(2) 十字丝环的检验与校正。

(3) 望远镜旋转轴（横轴）的检验与校正。

(4) 竖盘指标差 x 的检验与校正。

三、实验仪器工具

DJ_6 型光学经纬仪，经纬仪脚架，校正针，螺丝起子，记录板。

四、实验方法与步骤

如图 11 所示，DJ_6 型光学经纬仪的主要轴线有视准轴 CC、仪器横轴 HH、水准管轴 LL、仪器竖轴 VV。

它们应该满足以下几何条件：

(1) 水准管轴应垂直于仪器竖轴 ($LL \perp VV$)。

(2) 十字丝竖丝垂直于仪器横轴。

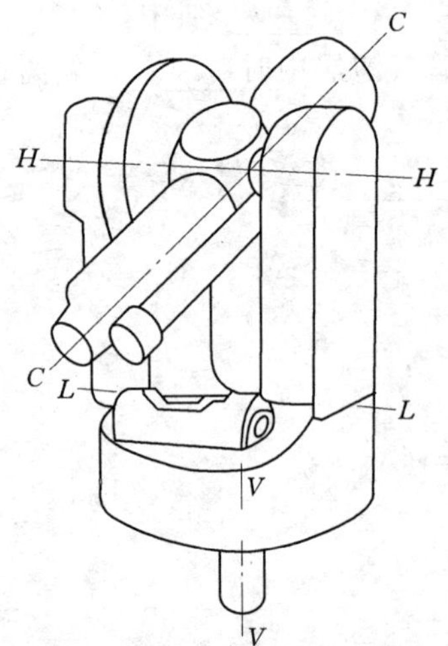

图 11 DJ_6 型光学经纬仪的轴线示意图

(3) 视准轴垂直于仪器横轴 ($CC \perp HH$)。

(4) 仪器横轴垂直于仪器竖轴 ($HH \perp VV$)。

(5) 竖盘指标差 $x=0$。

DJ_6 型光学经纬仪的检验与校正主要是针对这几个轴线之间的几何条件是否满足所进行的。

（一）水准管轴的检验与校正

(1) 目的：照准部水准管轴应垂直于仪器竖轴 ($LL \perp VV$)。

(2) 检验：先将仪器大致安平，使水准管与任意两个脚螺旋的连线平行，并转动这两个脚螺旋，使水准管气泡居中，然后将照准部旋转 180°，若水准管气泡仍然居中，则 $LL \perp VV$（即满足条件），否则水准管气泡将偏于一方，此时需进行校正，如图 12 (a)、(b) 所示。

(3) 校正：记下水准管偏离格数，用校正针拨动水准

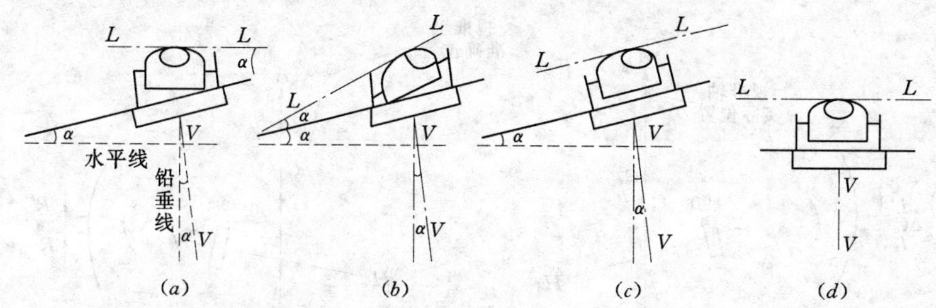

图 12　水准管轴的检验与校正示意图

管校正螺丝，使气泡返回原偏离总格数的一半，如图 12（c）所示。再调脚螺旋，使气泡居中，如图 12（d）所示。

重复检验与校正步骤，直至校正完善为止。最后将水准管转至任何位置，水准管的气泡都应准确居中（偏差不超过半格）。

（二）十字丝环的检验与校正

（1）目的：十字丝的竖丝应垂直于望远镜的旋转轴（横轴）。

（2）检验：经纬仪经过安平后，以十字丝的交点对准水平方向任一目标点，拧紧水平制动螺旋和望远镜的制动螺旋。转动望远镜微动螺旋，使望远镜在竖直面内移动。如果此固定点的轨迹始终通过竖丝，表明条件满足，否则应进行校正（也可用竖丝瞄准远方悬挂的垂球线，看二者是否重合以进行判断）。

（3）校正：放松十字丝环固定螺丝，使十字丝分划板座作微小转动，以达到竖丝处于竖直位置，然后再将十字丝分划板固定，如图 13 所示。

（三）视准轴的检验与校正

（1）目的：使望远镜视准轴垂直于仪器横轴（$CC \perp HH$）。

（2）检验：以盘左位置瞄准远处水平位置一目标点（与仪器大致相同高度的目标），读取水平度盘读数，设为 α_1；再以盘右位置瞄准该点，读得水平度盘读数为 α_2。如果 $\alpha_2 = \alpha_1 \pm 180°$，则条件满足；若差值大于 $\pm 60''$ 则应进行校正，如图 14 所示。

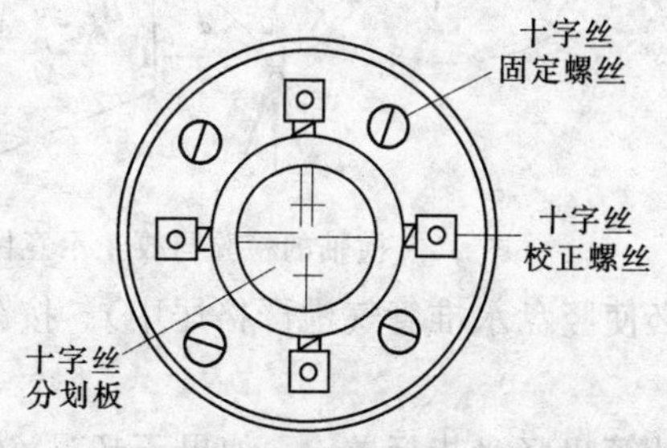

图 13　十字丝竖丝的检验与校正示意图

（3）校正：算出视准轴位置正确时的读数：$\alpha_0 = [\alpha_1 + (\alpha_2 \pm 180°)]/2$，调节水平微动螺旋，使度盘读数为 α_0，此时十字丝交点离开了原来目标，调节十字丝环上左右相对的校正螺丝，使十字丝交点对准原来所瞄的目标点。

校正时应先松开上（或下）面一校正螺丝，再先松后紧调节左右的校正螺丝。

校正后再检验一次，检查是否已校正完善，如已完善，可将原来放松的上（或下）校正螺丝旋紧。

（四）横轴的检验与校正

（1）目的：横轴垂直于竖轴（$HH \perp VV$）。

（2）检验：仪器安置于一高目标附近，使其仰角大于 20°。以盘左位置瞄高处目标 P

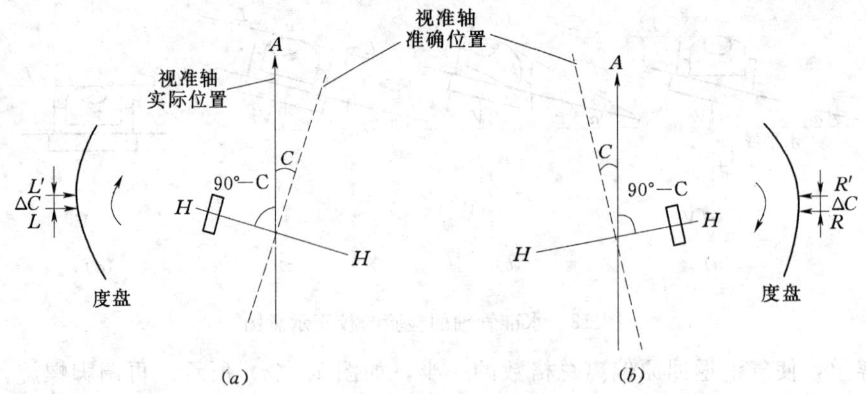

图 14 视准轴的检验与校正示意图

(a) 盘左；(b) 盘右

点，转动望远镜至大致水平位置，按十字丝交点在前方的墙面上标出一点 A。再以盘右位置瞄准高处 P 点，投影至墙面标出一点 B。若 A 与 B 重合，则条件满足，即（$HH\perp VV$）；若 A 与 B 不重合，则需进行校正，如图 15 所示。

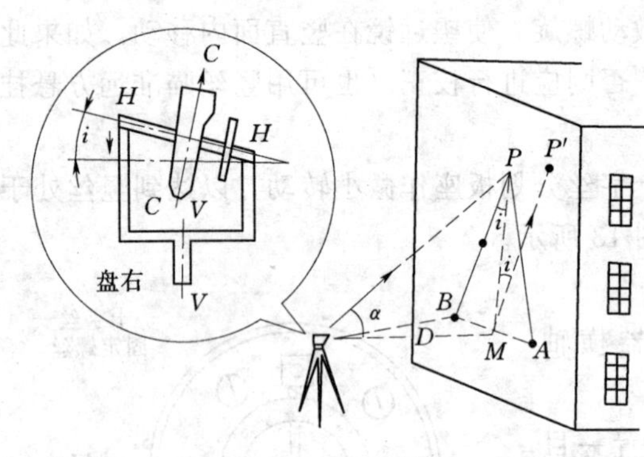

图 15 横轴的检验与校正示意图

（3）校正：DJ_6 型光学经纬仪的校正，需在室内检验台上进行。组织分组参观。

（五）竖盘指标差的检验与校正

（1）目的：使望远镜视线水平，竖盘读数指标水准管气泡居中时的竖盘读数为 90°00′00″（盘右时则为 270°00′00″），或使竖盘指标差 $x=0''$。

（2）检验：盘左时瞄准高处（或低处）目标，读取竖盘读数 L；再以盘右瞄准该目标，读取竖盘读数为 R（读数之前，务必使竖盘水准管气泡严格居中）。按公式

$$x=(L+R-360°)/2$$

计算出竖盘指标差 x。如果不超过 60″，则条件满足，否则需进行校正。

（3）校正：调节竖盘读数指标水准管微动螺旋，直至竖盘读数 R 等于正确读数 $R_{正}$。

$$R_{正}=R-x$$

或按公式

$$\alpha_L=90°-L$$

$$\alpha_R=R-270°$$

$$\alpha=(\alpha_L+\alpha_R)/2$$

计算出 α，由于测回法可以将竖盘指标差 x 抵消，此时计算得到的 α 即为正确的 α，再按照公式正确反推，即得

$$R_{正}=\alpha+270°$$

此时竖盘水准管气泡必偏离中央，直接用校正针调节竖盘水准管校正螺丝，使气泡严格居中。

此项校正亦需反复进行。

五、记录格式（表 14）

表 14　DJ_6 型光学经纬仪检验与校正记录表

<table>
<tr><td colspan="3">水准管轴的检验与校正</td><td colspan="3">视准轴的检验与校正</td><td colspan="3">竖盘指标差的测定及检校</td></tr>
<tr><td>次数</td><td>项目</td><td>数值</td><td>次数</td><td colspan="2">水平度盘读数</td><td>次数</td><td colspan="2">竖直度盘读数</td></tr>
<tr><td rowspan="2">1</td><td>水准管</td><td></td><td></td><td>盘位</td><td>° ′ ″</td><td rowspan="6">1</td><td>盘位</td><td>° ′ ″</td></tr>
<tr><td>圆水准器</td><td></td><td rowspan="3">1</td><td>L</td><td></td><td>L</td><td></td></tr>
<tr><td rowspan="2">2</td><td>水准管</td><td></td><td>R</td><td></td><td>R</td><td></td></tr>
<tr><td>圆水准器</td><td></td><td>2C</td><td></td><td colspan="2">指标差 x=</td></tr>
<tr><td>次数</td><td colspan="2">十字丝竖丝的检验与校正</td><td rowspan="3">2</td><td>L</td><td></td><td colspan="2">正确 α=</td></tr>
<tr><td rowspan="5">1</td><td colspan="2" rowspan="5"></td><td>R</td><td></td><td colspan="2">正确 R=</td></tr>
<tr><td>2C</td><td></td><td rowspan="5">2</td><td>L</td><td></td></tr>
<tr><td rowspan="3">3</td><td>L</td><td></td><td>R</td><td></td></tr>
<tr><td>R</td><td></td><td colspan="2">指标差 x=</td></tr>
<tr><td>2C</td><td></td><td colspan="2">正确 α=</td></tr>
<tr><td rowspan="5">2</td><td colspan="2" rowspan="5"></td><td rowspan="5"></td><td colspan="2">盘左时视准轴偏（左或右）</td><td colspan="2">正确 R=</td></tr>
<tr><td colspan="2">横轴的检验与校正</td><td rowspan="4">3</td><td>L</td><td></td></tr>
<tr><td>次数</td><td>盘左、右投影点距离</td><td>R</td><td></td></tr>
<tr><td>1</td><td>D=</td><td colspan="2">指标差 x=</td></tr>
<tr><td>2</td><td>D=</td><td colspan="2">正确 α=</td></tr>
</table>

六、注意事项

(1) 校正前认真复习，弄清检校目的及各项步骤的校正原理与方法。

(2) 检验校正是一项过细的工作，每一项检验完毕，应将数据交指导老师复核，在老师指导下，再开始进行校正。

(3) 每一项检验与校正都应反复进行 2～3 次，直至满足要求，不能认为校正一次就行了。

(4) 使用校正针进行校正，应具有“轻重感”，用力不可过大，否则会损坏仪器。校正时，校正螺丝一律要先松后紧，一松一紧，用力也不宜过大；校正完毕时，校正螺丝不能松动，应处于稍紧状态。

(5) 5 个检校项目须按顺序进行，不能颠倒。

(6) 随时小心谨慎，爱护仪器。

七、实验问答

1. 经纬仪有哪些主要的几何轴线？各轴线应满足哪些几何关系？

2. 在进行视准轴垂直横轴的检验时，要求瞄准与仪器同高度的目标进行检验，而进行横轴垂直竖轴的检验时则要求瞄准较高的目标进行检验，为什么？

3. 进行视准轴垂直横轴的检验校正时，$2C$ 值超过__________时进行校正？仪器处在盘右位置，应计算出正确度盘读数为__________，然后转动__________使水平度盘读数对在正确度盘读数上，然后校正。

4. 进行竖盘指标差的检验校正时 x 值超过________时进行校正？校正前应先计算仪器处在盘右位置时的竖盘正确读数为 $R_{正}=$____________________，再转动____________________，使竖盘读数对在正确读数上，然后校正竖盘指标水准管一端的校正螺丝。

5. 在用校正针进行校正时，一定要先________后________，以防止损坏仪器。

实验十 视 距 测 量

一、实验目的与要求

（1）学会视距测量的观测、记录和计算。

（2）每组同学每人轮换测量周围5个固定点，将观测数据记录在实验报告中，并计算出水平距离与高差。

（3）水平角、竖直角读数到分，水平距离计算到0.1m，高差计算到0.01m。

二、实验内容

练习经纬仪视距测量的观测、记录和计算。实验课时为2学时。

三、实验仪器与工具

经纬仪1台，水准尺1根，小钢尺1把，计算器1个（自备），记录板1块。

四、实验方法与步骤

（1）对经纬仪进行对中、整平，然后用小钢尺量取仪器高度 i（精确到厘米），假定测站点地面高程为 H_0。

（2）若干个地形点，在每个点上竖立水准尺，读取下、上丝读数，中丝读数 ν，（可取与仪器高相等，即 $\nu=i$），竖直度盘读数 l 并分别记入测量手簿。竖盘读数时，竖盘指标水准管气泡要居中。

（3）用公式 $D=KL\cos^2\alpha$ 及 $h=D\tan\alpha+i-\nu$ 计算平距和高差。用公式 $H_i=H_0+h$ 计算高程。

五、记录格式（表15）

表15 视距测量记录表

测站名称：________ 测站高程：________m 仪器高：________m 仪器型号：________

天气：________ 日期：________ 观测：________ 记录：________

点号	视距读数		视距 (m)	中丝读数 (m)	竖盘读数 (° ′ ″)	平距 (m)	高差 (m)	高程 (m)
	下丝	上丝						

六、注意事项

(1) 视距测量前应校正竖盘指标差。

(2) 立尺时应严格竖直。

(3) 仪器高度、中丝读数和高差计算应精确到厘米，水平距离应精确到分米。

(4) 在测量水平距离时，可以采取快速读尺法，即转动望远镜微动螺旋，使十字丝上丝（或下丝）移动到某一整分划边缘，然后从上丝（或下丝）开始向下丝（上丝）方向数小格数，数到下丝，一小格（1cm）代表实地上的1m，不足一小格的部分估读，然后加在一起即是水平距离。

七、实验问答

1. 写出视距计算公式：$D=$________________。

2. 视距测量需要读取的数据有________、__________、__________、__________、________。

3. 高差计算公式为____________________，高程计算公式为________。

4. 在平坦地区进行视距测量，当要求测出立尺点高程时，可用经纬仪“水准法”（亦称水平中丝读数法），试述经纬仪“水准法”测量点的高程的实验步骤。

实验十一　罗 盘 仪 的 使 用

一、实验目的与要求

(1) 认识罗盘仪的构造，了解其各个部件的名称及功能。

(2) 初步掌握罗盘仪的操作要领。

(3) 学会用罗盘仪测量某一直线的磁方位角。

(4) 以小组为单位领取仪器，每人进行操作并观测至少一次。

(5) 实验课时为 2 学时。

二、实验仪器与工具

每组罗盘仪 1 台，花杆 1 根。

三、实验内容

(1) 熟悉罗盘的构造、各部件的名称以及功能。

(2) 学会用罗盘仪测定直线的磁方位角。

(3) 小组中每人轮流进行。

四、实验方法与步骤

(一) 罗盘仪的认识

罗盘仪主要由磁针、刻度盘和瞄准设备组成，如图 16 所示，在教师的指导下学习各部件的名称及功能。

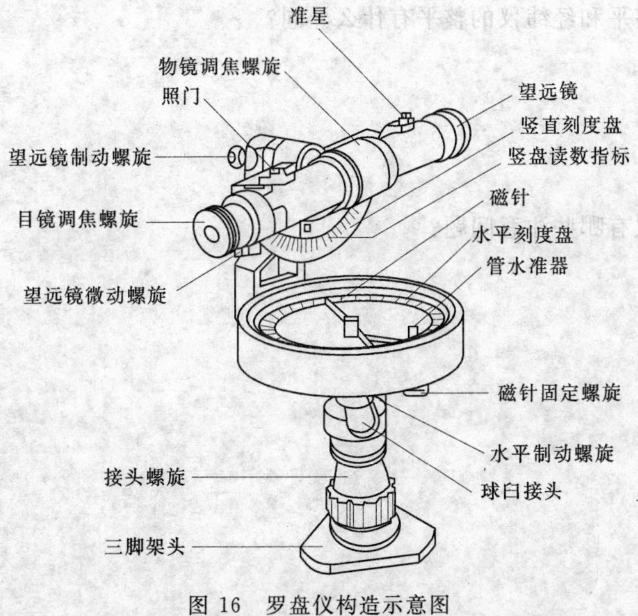

图 16　罗盘仪构造示意图

磁针系长菱形或长条形的人造磁铁，中央作小帽状并镶有坚硬玛瑙，支承在度盘中心钢质的顶针上，可以灵活转动。罗盘仪上还有一小杠杆，罗盘仪不使用时，可旋紧杠杆一端的小螺旋使磁针离开顶针，以减少磨损。由于我国处在北半球，为使磁针保持水平，在南针上加了细铜丝。

（二）罗盘仪的使用

（1）在测站点上安置仪器，用垂球对中。

（2）瞄准直线上任意一点。

（3）利用罗盘仪上的水平和垂直方向的水准管整平罗盘仪。

（4）放下磁针，并待其静止。

（5）读数，确定直线的磁方位角。

五、注意事项

（1）罗盘仪整平时利用水准管，没有制动螺旋，需要操作仔细。

（2）罗盘仪度盘为逆时针刻划。

（3）罗盘仪最小刻划为1°，磁方位角估读到分就可以了。

六、实验问答

1. 罗盘仪度盘的刻划为______时针，读数的范围为__________。

2. 用罗盘仪测得直线的方位角是______方位角。

3. 罗盘仪主要由________、__________和__________组成。

4. 简述罗盘仪的操作过程。

5. 罗盘仪的整平和经纬仪的整平有什么异同？

6. 使用罗盘仪有哪些注意问题？

实验十二 经纬仪导线测量

一、实验目的与要求

(1) 明确经纬仪导线测量作为平面控制的意义。

(2) 掌握经纬仪导线测量的外业工作（包括选点、测角、量距、定向）记录与计算。

二、实验内容

(1) 根据测区情况，选取4个导线点作为平面控制点。

(2) 用钢尺或测距仪往返丈量4条导线边长。

(3) 用经纬仪测回法观测4个内角。

(4) 用罗盘仪对向观测起始边磁方位角。

(5) 导线坐标计算。

(6) 实验课时为6学时。

三、实验仪器与工具

DJ_6型光学经纬仪，经纬仪脚架，长测钎，测钎架，罗盘仪，罗盘仪脚架，钢尺，测杆，记录板

四、实验方法与步骤

（一）导线点的选设

根据测区的情况进行选点。选点时要求通视条件良好，能够测到尽可能多的地形特征点。在地形较为复杂的地方，需同时考虑导线支点的布设。

本次实验各组在指定地区内根据已建立的固定标志为导线点，如图17所示，以西南角点为起点，按顺时针方向进行编号绘出草图。

（二）导线边长丈量

用钢尺或测距仪往返丈量4条导线边长。丈量精度要求不低于1/3000。

（三）导线的角度观测

用测回法观测导线边所夹的右角（即导线内角）。要求盘左与盘右两次测角的差值不大于40″。导线角度闭合差应不超过$\pm 40''\sqrt{n}$。

（四）罗盘仪测定导线起始边的磁方位角

要求正向与反向观测。直线的正、反方位角之较差应该在180±30′范围内。将反方位角±180°后与正方位角取均值作为起始边方位角方向值。

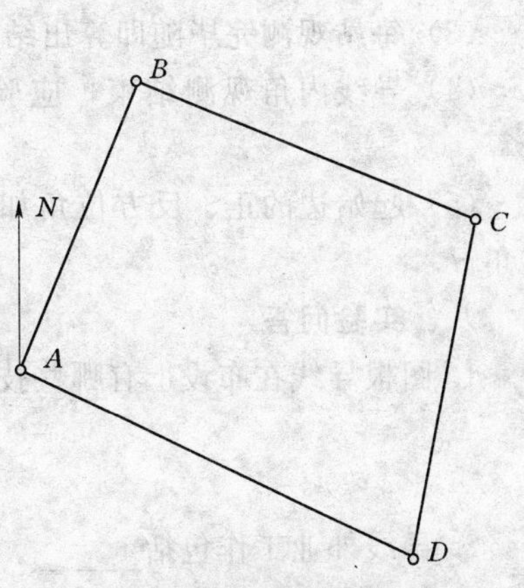

图17 导线测量示意图

五、记录格式（表 16）

表 16 导线测量记录表

<table>
<tr><th>测站</th><th>目标</th><th>竖盘</th><th>水平度
盘读数</th><th>水平角度
(° ′ ″)</th><th>平均角度
(° ′ ″)</th><th>磁方位角
(° ′)</th><th>边长
(m)</th></tr>
<tr><td rowspan="4">A</td><td>D</td><td rowspan="2">L</td><td></td><td rowspan="2"></td><td rowspan="4"></td><td rowspan="3"></td><td rowspan="3">边号：A—B
往测：
返测：</td></tr>
<tr><td>B</td><td></td></tr>
<tr><td>D</td><td rowspan="2">R</td><td></td><td rowspan="2"></td></tr>
<tr><td>B</td><td></td><td></td><td>平均：</td></tr>
<tr><td rowspan="4">B</td><td>A</td><td rowspan="2">L</td><td></td><td rowspan="2"></td><td rowspan="4"></td><td rowspan="3"></td><td rowspan="3">边号：B—C
往测：
返测：</td></tr>
<tr><td>C</td><td></td></tr>
<tr><td>A</td><td rowspan="2">R</td><td></td><td rowspan="2"></td></tr>
<tr><td>C</td><td></td><td></td><td>平均：</td></tr>
<tr><td rowspan="4">C</td><td>B</td><td rowspan="2">L</td><td></td><td rowspan="2"></td><td rowspan="4"></td><td rowspan="3"></td><td rowspan="3">边号：C—D
往测：
返测：</td></tr>
<tr><td>D</td><td></td></tr>
<tr><td>B</td><td rowspan="2">R</td><td></td><td rowspan="2"></td></tr>
<tr><td>D</td><td></td><td></td><td>平均：</td></tr>
<tr><td rowspan="4">D</td><td>C</td><td rowspan="2">L</td><td></td><td rowspan="2"></td><td rowspan="4"></td><td rowspan="3"></td><td rowspan="3">边号：D—A
往测：
返测：</td></tr>
<tr><td>A</td><td></td></tr>
<tr><td>C</td><td rowspan="2">R</td><td></td><td rowspan="2"></td></tr>
<tr><td>A</td><td></td><td></td><td>平均：</td></tr>
</table>

六、导线坐标计算

将点号、各点所测水平角、各边长、起始边磁方位角、起点坐标填入导线计算表。按教材讲解的计算方法计算各点坐标。

七、注意事项

（1）选取的导线点应稳妥，便于保存标志和安置仪器，便于控制整个测区。

（2）明确分工，轮流操作。

（3）每站观测完毕随即算出结果如果不符合要求，应立即重新观测。

（4）导线内角观测结束，应验算角度闭合差，若在容许范围以内，方可进行导线计算。

（5）起始边的正、反方位角如果差值太大，应找出原因，也可另选其他边再测定方位角。

八、实验问答

1. 图根导线在布设上有哪些技术要求？

2. 导线外业工作包括______、______、______、______。

3. 导线内角和的闭合差为不超过________________。

4. 当导线角度闭合差计算超限时应该先______，保证计算没有______的情况下，然后再决定外业是否返工。

5. 在调整角度闭合差时，将闭合差________，平均分到各角上，要求保留到______，若有余秒，将其分到__________所在的角度上。

6. 导线测量相对闭合差要求不超过_________________。

7. 导线坐标增量闭合差按________________________原则进行调整。

8. 闭合导线与附合导线在内业计算上有什么不同？

实验十三　碎部的测量

一、实验目的与要求

(1) 练习经纬仪配合绘图板测绘地形图的方法和步骤。

(2) 了解全站仪测量地形图的方法和步骤。

(3) 掌握地形特征点的选择要领。

(4) 每小组选定1个测站点（坐标和高程由指导教师给定），测量其周围的地物和地貌的特征点位。

(5) 实验课时为2学时。

(6) 小组成员轮流担任观测、立尺、记录、计算、绘图等工作。

(7) 观测与计算精度要求：角度1′，视距0.1m，高程0.01m。

(8) 搬站练习，保证两个测站上测得的地形图成为一个整体。

二、实验仪器与工具

(1) DJ_6 经纬仪1台，视距尺1把，钢尺1把，测图板1块，量角器1个，三角尺1把，全站仪1台，棱镜2个，测伞2把（根据需要确定）。

(2) 2H或3H铅笔1支，计算器1个，图纸1张，草图纸若干。

三、实验内容

(1) 掌握经纬仪配合绘图板测绘地形图的方法和步骤。

(2) 初步了解全站仪测图的步骤。

(3) 学会地物、地貌特征点的选择。

(4) 学会测站的迁站。

(5) 上交图纸和测量记录1份。

四、实验方法与步骤

（一）地物特征点的选择

对于地物，碎部点应选在地物轮廓线的方向变化处，如房角点、道路转折点、交叉点、河岸线转弯点以及独立地物的中心点等。连接这些特征点，便得到与实地相似的地物形状。由于地物形状极不规则，一般规定主要地物凸凹部分在图上大于0.4mm均应表示出来，小于0.4mm时，可用直线连接。

如果不能根据比例绘制的地物，应在其外廓处选一点或者选其中心的点位进行测量。

（二）地貌特征点的选择

地貌碎部点应选在最能反应地貌特征的山脊线、山谷线等地性线上。如山顶、鞍部、山脊、山谷、山坡、山脚等坡度变化及方向变化处。根据这些特征点的高程勾绘等高线，即可得地貌在图上表示出来。

为了能真实地表示实地情况，在地面平坦或坡度无明显变化的地区，碎部点的间距、碎部点的最大视距和城市建筑区的最大视距均应符合相应的规定，如表17所示。

表17　最大视距和地貌点间距表

测图比例尺	地貌点最大间距（m）	最大视距（m）			
		主要地物点		次要地物点和地貌点	
		一般地区	城市建筑区	一般地区	城市建筑区
1∶500	15	60	50	100	70
1∶1000	30	100	80	150	120
1∶2000	50	180	120	250	200
1∶5000	100	300	—	350	—

（三）经纬仪测绘法测绘地形图

（1）以控制点A为测站点安置经纬仪，瞄准另一控制点B为起始方向，盘左置水平度盘读数为$0°00'$，量取仪器高至厘米位，随即将测站名称、仪器高记入碎部测量记录本。

（2）在图纸上展绘出测站点A和控制点B，根据绘图方格网坐标和A、B两点坐标展绘出A、B点，连接A、B为起始方向线，并用小针将量角器的圆心固定在测站点A上。

（3）将视距尺立于选定的各碎部点上，用经纬仪瞄准水准尺，读取下丝、上丝、中丝数值，竖盘读数和水平角读数，将各观测值依次记入表格。

（4）计算视距、竖直角、高差、水平距离和碎部点高程。

（5）将计算的各碎部点数据，依水平角、水平距离，用量角器按比例尺展绘在图板上，并注出各点高程，描绘地物。

五、注意事项

（1）读取竖直角时，指标水准管气泡要居中，水准尺要立直。

（2）每测约20个点，要重新瞄准起始方向，以检查水平度盘是否变动。

（3）搬站后，要对已经测量的任意一点进行检核测量。

六、记录格式（表 18）

表 18　碎部点测量记录计算表

日期：____年____月____日　天气：________　仪器型号：________　组号：________

观测者：________　记录者：________　立尺者：________

测站点：________　后视点：________　仪器高：________m　测站高程：________m

点号	视距读数（m）			中丝读数 v（m）	竖盘读数 L（° ′）	水平度盘读数 β（° ′）	水平距离（m）	碎部点高程（m）
	上丝读数（m）	下丝读数（m）	上下丝之差 l（m）					

七、实验问答

1. 用经纬仪测图时，测图前应先在空白图纸上绘制__________，其中方格的边长为__________。

2. 测量地形图时，图纸的图幅有________、________和 40cm×40cm 等规格。

3. 测图前有哪些准备工作？

4．如何合理选择地物和地貌的特征点？

5．碎部点的测定有哪些方法？

6．用经纬仪测量碎部点，一个测站上需要读取哪些数据？

7．简述经纬仪法测绘地形图的步骤。

实验十四 全站仪的使用

一、实验目的与要求

(1) 认识全站仪的构造，了解其各个部件的名称及功能。

(2) 初步掌握全站仪的操作要领。

(3) 掌握使用全站仪测量角度、距离和坐标的方法。

(4) 以小组为单位领取仪器，每人进行操作并观测至少一次。

(5) 实验课时为4学时。

二、实验仪器与工具

(1) 每小组领取全站仪1台、反射棱镜2个、测伞1把。

(2) 根据需要自备铅笔等。

三、实验内容

(1) 全站仪各个部件的名称及功能的认识（见图18)。

(2) 全站仪的基本操作练习。

(3) 全站仪软键盘的操作练习。

(4) 角度测量操作。

(5) 距离测量操作。

(6) 坐标测量操作。

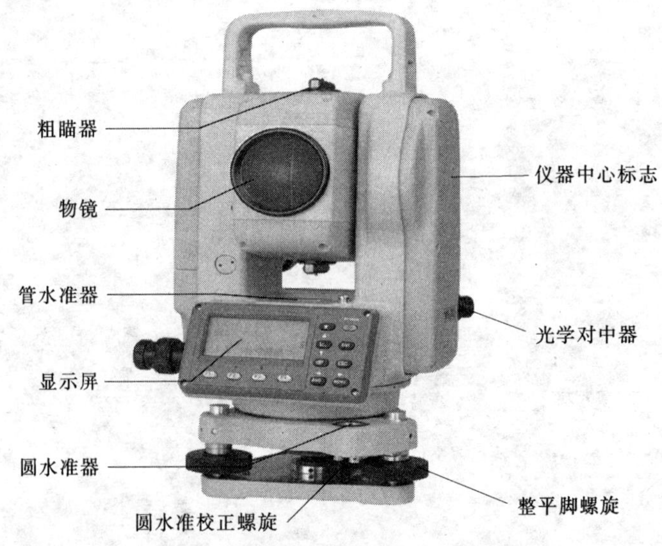

图18 NTS—320全站仪结构示意图

四、实验方法与步骤

（一）全站仪的认识

全站仪的种类很多，但结构类似，下面以 NTS—320 为例介绍全站仪的结构和使用方法。

1. 仪器各部件名称及功能

有教师演示并讲解仪器各部件的名称及功能，如图 19、图 20 所示。

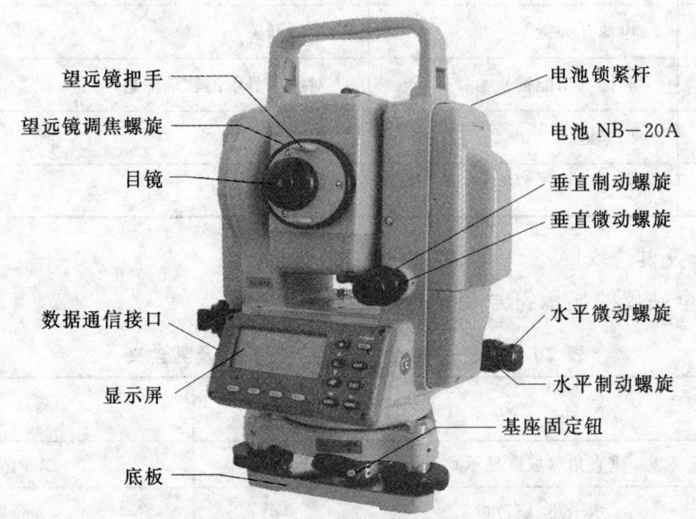

图 19 NTS—320 全站仪部件名称

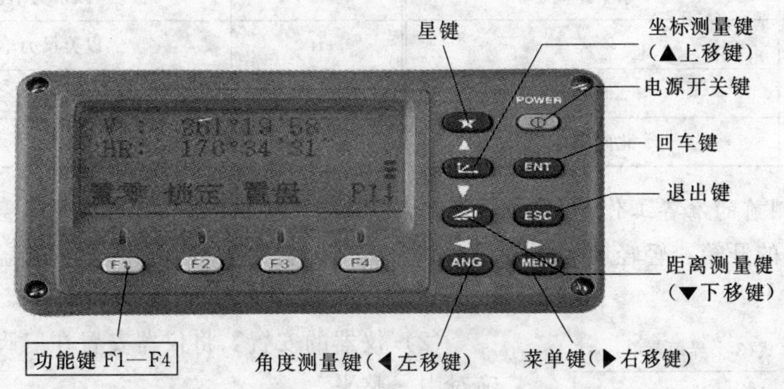

图 20 NTS—320 全站仪键盘示意图

2. 键盘符号及功能

NTS—320 全站仪的键盘符号名称及功能如表 19 所示。

表 19 NTS—320 全站仪的键盘符号名称及功能

键盘符号	名 称	功 能
[坐标测量键符号]	坐标测量键	进入坐标测量模式（▲上移键）
[距离测量键符号]	距离测量键	进入距离测量模式（▼下移键）

续表

键盘符号	名　称	功　能
ANG	角度测量键	进入角度测量模式（◀左移键）
MENU	菜单键	在菜单模式和测量模式间进行切换（▶右移键）
ESC	退出键	返回上一级状态或返回测量模式
POWER	电源开关键	电源开关
F1 — F4	软键（功能键）	对应于显示的软键信息
ENT	回车键	确认
★	星键	进入星键模式

3. 显示符号及其含义

NTS—320 全站仪的显示符号及其含义如表 20 所示。

表 20　NTS—320 全站仪的显示符号及其含义

显示符号	含　义	显示符号	含　义
V%	垂直角（坡度显示）	E	东向坐标
HR	水平角（右角）	Z	高程
HL	水平角（左角）	*	EDM（电子测距）正在进行
HD	水平距离	m	以米为单位
VD	高差	ft	以英尺为单位
SD	倾斜	fi	以英尺与英寸为单位
N	北向坐标		

（二）观测前的准备工作

（1）仪器的开箱：轻轻地放下箱子，其盖朝上，打开箱子的锁栓，开箱盖，取出仪器并将仪器箱合上。

（2）仪器的安置：将仪器安置在三脚架上，并精确对中、整平。

（3）电池的安装。

（4）开机和电量的检查。

（三）角度测量

1. 角度测量模式界面显示

开机后，全站仪即进入角度测量模式，界面如图 21 所示，此模式下共有 3 个页面。

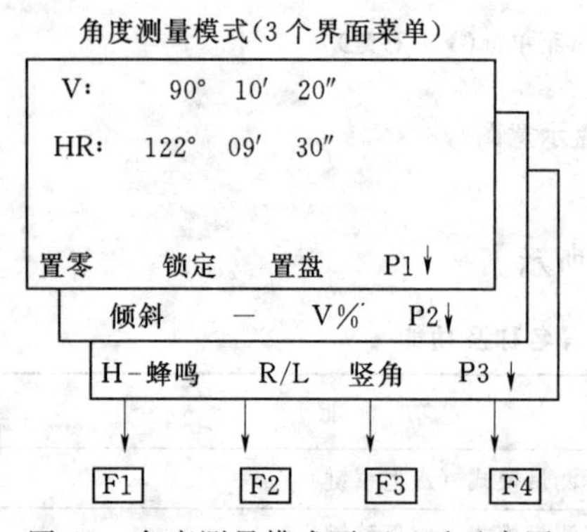

图 21　角度测量模式页面显示示意图

2. 功能键简介

角度测量模式下软键的名称及功能如表 21 所示，

根据各项功能进行练习。

表 21　角度测量模式下软键的名称及功能

页数	软键	显示符号	功　能
第 1 页（P1）	F1	置零	水平角置为 0°0′0″
	F2	锁定	水平角读数锁定
	F3	置盘	通过键盘输入数字设置水平角
	F4	P1↓	显示第 2 页软键功能
第 2 页（P2）	F1	倾斜	设置倾斜改正开或关，若选择开则显示倾斜改正
	F2	———	———————————————————
	F3	V%	垂直角与百分比坡度的切换
	F4	P2↓	显示第 3 页软键功能
第 3 页（P3）	F1	H—蜂鸣	仪器转动至水平角 0°、90°、180°、270°是否蜂鸣的设置
	F2	R/L	水平角右/左计数方向的转换
	F3	竖角	垂直角显示格式（高度角/天顶距）的切换
	F4	P3↓	显示第 1 页软键功能

3. 操作方法

（1）在此模式下，瞄准某一起始点 A，水平度盘置零（F1 键），竖直度盘显示该方向的竖直角或相应读数。

（2）在 HR（HL）模式下顺时针（逆时针）旋转照准部，瞄准另一目标，水平度盘读数即为水平角值，同时竖直度盘显示竖直角值或者相应的读数。

（四）距离测量

1. 距离测量模式界面显示

按下距离测量软键，全站仪即进入距离测量模式，界面如图 22 所示，此模式下共有两个页面。

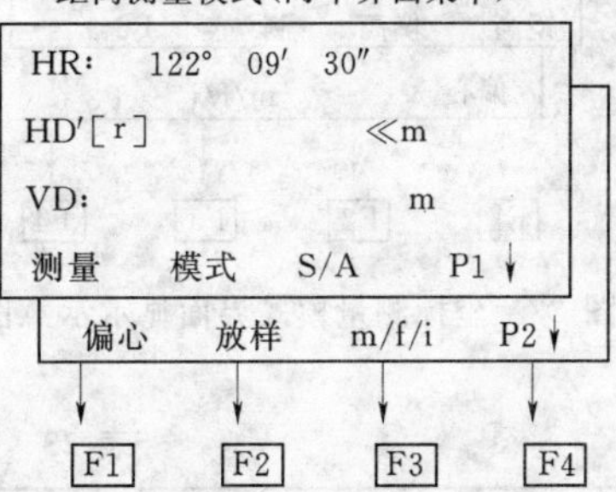

图 22　距离测量模式界面显示示意图

2. 功能键简介

距离测量模式下软键的名称及功能如表 22 所示，根据各项功能进行练习。

表 22　距离测量模式下软键的名称及功能

页数	软键	显示符号	功　能
第 1 页（P1）	F1	测量	启动距离测量
	F2	模式	设置测距模式为精测/跟踪/———
	F3	S/A	温度、气压、棱镜常数等设置
	F4	P1↓	显示第 2 页软键功能

续表

页数	软键	显示符号	功 能
第 2 页 (P2)	F1	偏心	偏心测量模式
	F2	放样	距离放样模式
	F3	m/f/i	距离单位的设置（米/英尺/英寸）
	F4	P2↓	显示第 1 页软键功能

3. 操作方法

（1）在距离测量模式下输入温度、气压、棱镜常数等参数。

（2）瞄准棱镜中心，在该模式下按距离测量软键，即可得到两点间的水平距离、倾斜距离和垂直距离。

（五）坐标测量

1. 坐标测量模式界面显示

按下坐标测量软键，全站仪即进入距离测量模式，界面如图 23 所示，此模式下共有 3 个页面。

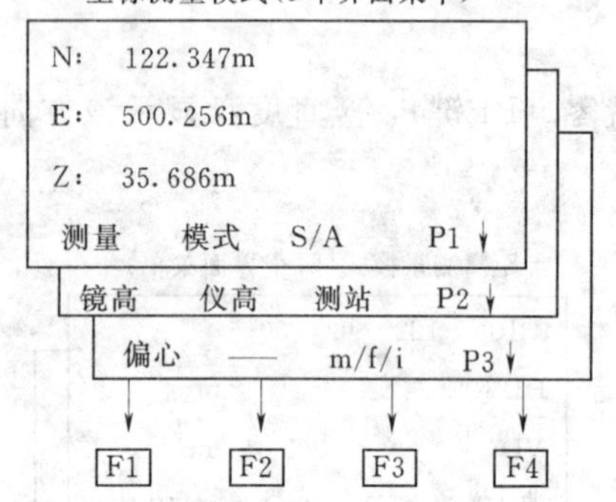

图 23 坐标测量模式界面显示示意图

2. 功能键简介

坐标测量模式下软键的名称及功能如表 23 所示，根据各项功能进行练习。

3. 操作方法

（1）设置测站点的坐标（操作方法参见仪器说明书）。

（2）设置仪器高和棱镜高。

（3）输入后视已知点的坐标或方位，瞄准并测量，即进行起始方向的定位。

（4）在未知点上安置棱镜。

（5）瞄准棱镜中心并测量。

表 23 坐标测量模式下软键的名称及功能

页数	软键	显示符号	功 能
第 1 页 (P1)	F1	测量	启动测量
	F2	模式	设置测距模式为精测/跟踪
	F3	S/A	温度、气压、棱镜常数等设置
	F4	P1↓	显示第 2 页软键功能
第 2 页 (P2)	F1	镜高	设置棱镜高度
	F2	仪高	设置仪器高度
	F3	测站	设置测站坐标
	F4	P2↓	显示第 3 页软键功能

续表

页数	软键	显示符号	功　能
第 3 页 (P3)	F1	偏心	偏心测量模式
	F2	———	——————————————————————
	F3	m/f/i	距离单位的设置（米/英尺/英寸）
	F4	P3↓	显示第 1 页软键功能

五、注意事项

(1) 日光下测量应避免将物镜直接对准太阳。

(2) 仪器不使用时，应将其装入箱内，置于干燥处，注意防震、防潮和防尘。

(3) 仪器安装至三脚架或者拆卸时，要一只手先握住仪器，以防仪器跌落。

(4) 发现仪器功能异常，应及时告诉指导老师，不要擅自拆开仪器，以免发生不必要的损坏。

(5) 搬站时，要关闭电源，并将仪器取下放在仪器箱内。

(6) 仪器应由专人看管，不得擅自离开以免发生意外。

六、实验问答

1. 全站仪按照结构可以分为________和________两种，其中 NTS—320 系列属于________。

2. 全站仪的基本功能有________、________和________。

3. 使用全站仪应注意哪些问题？

4. 角度测量模式下可以进行哪些设置？

5. 距离测量模式下可以进行哪些设置？

6. 坐标测量模式下可以进行哪些设置？

7. 坐标测量前应进行哪些设置？

第二部分 测 量 实 习

测量实习任务书

一、测量实习的目的

通过本次实习，巩固并加深《工程测量》课中所学理论知识，进一步加强和训练基本技能，提高动手能力，熟练掌握 S_3 型水准仪的使用和检验校正方法。熟练掌握 J_6、J_2 经纬仪及全站仪的使用操作方法。掌握小区域大比例尺地形图的测绘方法；掌握渠道（道路、管线）测量的方法；房屋施工放样测量方法。培养学生严肃认真的工作态度，发现问题、分析问题和解决问题的能力，团结协作的集体主义精神，热爱劳动、艰苦奋斗、爱护仪器工具、遵守纪律的优良品德。

二、实习任务书

水利、建筑各专业可根据各自实习大纲要求选取以下任务中的一项或两项。

（一）1∶500 地形图测绘

1. 图根控制测量

(1) 图根导线测量。

1) 外业工作：导线点选择，测角，量边，定向，提交外业测量成果。

2) 内业工作：计算导线点坐标，提交内业计算成果。

(2) 图根高程测量。

1) 外业工作：选高程控制点，水准测量，提交外业测量成果。

2) 内业计算：计算各点高程，提交内业计算成果。

2. 地形图测绘

测绘 200m×200m 地形图。提交 1∶500 地形图和碎部点测量记录计算资料。

（二）渠道（道路、管线）测量

1. 实地踏勘选线

根据地形情况实地标定渠道的起点、转折点、终点位置。用木桩标定。线路长度 200～300m。

2. 中线测量

设置里程桩；测量转折角大小。

3. 圆曲线测设（管线测量无此任务）

(1) 圆曲线主点桩号计算和主点测设。

(2) 圆曲线细部测设。

提交圆曲线主点和细部点计算成果。

4. 纵、横断面图测绘

(1) 纵断面水准测量与高程计算。

(2) 纵断面图绘制。

(3) 横断面测量水准测量与高程计算（测量宽度为一侧 15～25m）。

(4) 横断面图绘制。提交纵横断面图。

5. 土方计算

按平均断面法计算土方量，提交土方量计算表。

6. 渠道（道路、管线）开挖边线测设

提供开挖边线测设数据表。

(三) 房屋放线测量

1. 阅读图纸

(1) 了解工程规模大小、平面位置（见总平面图）、立面外貌、细部构造等。

(2) 了解房屋主体结构的构造方式，如基础结构、房屋骨架布置、墙体厚度、使用材料、圈梁布置、楼板位置、结构剖面、结构详图等。

(3) 了解房屋设备的布置，如采暖、给水、排水等设备图。

阅读图纸的同时，校对尺寸有无矛盾，结构是否合理。在阅读基础图时，应记住条形基础的大放脚、收退尺寸等，并注意轴线尺寸、建筑层高、构件尺寸及型号、洞口（门、窗）位置及尺寸、各重要部位的标高等。

2. 施工放线准备

(1) 仪器工具的准备（每个实习组）。

经纬仪 1 架，水准仪 1 架，水准尺 1 副，钢尺、皮尺各 1 盘（经纬仪、水准仪需经检校），铁锤，小钉，线绳。

(2) 木桩、白灰和档灰板。

3. 主轴线和标高测设

(1) 主轴线定位数据的采集，见总平面图。

(2) 主轴线放线程序的确定（书面列出方法与步骤）。

(3) 轴线桩和控制桩测设。

要求：控制桩在轴线桩外 2m 设置，轴线长、对角线长度误差小于 1/5000。

各组书面写出轴线桩和控制桩测设的方法和步骤。

(4) 标高测设。宿舍楼地面标高（±0）由高程控制点 $BM_{Ⅳ}$ 测设。测设时，可将楼地标高抄在周围的建筑物墙壁上或抄在轴线控制桩上，用红铅笔作标记。

4. 条形基础放线（基础挖土放线）

(1) 纵横轴线定位数据的采集，见基础图。各组将各纵横轴线距定位起点桩（主轴线桩）的起点距查基础图逐一列出，（采用表格形式）。

(2) 携带图纸，现场复核主轴线桩（验证桩是否移位），复核时检查轴线桩之间的尺寸和控制桩与轴线桩之间的尺寸是否符合施工图要求，然后用已定的轴线桩或控制桩放基槽外框线，如果测定主轴线后立即放基槽线，则此项复核工作就不必做了。

(3) 在同一条纵（横）主轴线的两控制桩上拉通小线绳，且小线平直，中间无搁置及偏差，然后由轴线桩始顺小线向轴线另一端依次量取各横（纵）轴线距起点轴线桩距离，定出各横（纵）轴线的中心桩，并在桩上钉一小铁钉。

(4) 基础大样图上基槽底宽，加上上口应放坡尺寸，由轴线向两边量出每边应有的尺寸，并在量出的尺寸处划一记号，然后在每道中心线两侧都划出记号，并根据记号拉通小线在小线位置上放挡土板撒上白灰，挖土就可按此划出的范围进行施工，以上过程可按先纵线后横线的顺序进行。

5. 条形基础砌筑放线及主体结构施工放线

讲解条形基础砌筑放线及主体结构施工放线的基本方法，若时间、条件允许可联系到施工现场，参观学习其放线方法。

三、所需仪器设备

每个实习组配备 S_3 水准仪 1 架，J_6 或 J_2 经纬仪 1 架，全站仪 1 架，棱镜一个，3m 水准直尺 1 副（一尺 4.687m，另一尺 4.787m），目标三脚架 2 个，小平板 1 套，皮尺 1 盘，量角器 1 个，三角板 1 副，铁锤 1 把，木桩，红漆，小铁钉，石灰粉，外业记录簿等。

测量实习指导书

一、1∶500 地形图测绘实习

（一）控制测量

控制测量包括平面控制测量和高程控制测量。本次平面控制测量采用图根导线测量；高程控制测量采用四等水准测量。

1. 图根导线测量

导线测量的技术要求如表 24 所示。

表 24 导线测量技术要求

等级	导线长度（km）	平均边长（km）	测角中误差（″）	测回数		角度闭合差（″）	导线全长相对闭合差
				DJ_6	DJ_2		
一级	4	0.5	5	4	2	$\pm 10\sqrt{n}$	1/15000
二级	2.4	0.25	8	3	1	$\pm 16\sqrt{n}$	1/10000
三级	1.2	0.1	12	2	1	$\pm 24\sqrt{n}$	1/5000
图根	$\leqslant 1.0M$	≤1.5 倍测图最大视距	20	1		$\pm 40\sqrt{n}$（首级） $\pm 60\sqrt{n}$（一般）	1/2000

注　表中 n 为测角个数；M 为测图比例尺分母。

导线测量包括外业和内业工作。

（1）外业工作。外业工作包括选择导线点、测量导线各边长度、测量各转折角、定向测量工作。

在指导教师的带领下到测区查看地形，了解测区的范围、测区的地形条件、地物的分布、已知控制点的位置等。特别注意房屋、道路的分布情况，初步确定导线的走向和位置。

1）选择导线点。

控制点的密度应满足表 25 的要求。

表 25　平坦开阔地区的图根控制点的密度

测图比例尺	1∶500	1∶1000	1∶2000	1∶5000
图根点密度（点/km^2）	150	50	15	5
每幅图的控制点数	9	12	15	20

根据选点的原则，在老师指导下实地确定导线点的地面位置，具体工作包括如下

几点：

①定点：确定导线点在地面上的位置。

②标定点位：在混凝土路面上打木桩不方便时可用短钢筋打入路面，在钢筋顶钻一小孔表示点位。临时用点位也可用红漆在路面上画圆圈，在圈内划一“十”字或点一小红点。土地上用木桩标定导线点，并在木桩顶上钉一小铁钉标定点位。

③点编号：用红漆对导线点进行编号，编号可采用阿拉伯数字编号，也可采用英语字母加下标阿拉伯数字编号，如 A_1、A_2、…或 B_1、B_2、…

④绘制路线草图：为方便后面的测量和计算要绘制导线路线草图。导线点用小圆圈表示，导线边用直线表示。按上北下南、左西右东的位置关系进行绘制。导线点附近标注点号。

2）测量导线转折角。

由于导线转折角都是单角，因此采用测回法测量（注意：瞄准时要瞄准目标三脚架测钎的底部）。规范规定：图根导线的水平角测量，J_6 经纬仪测一个测回。要求：仪器对中误差不大于 1mm，半测回角值差不大于 40″。记录清晰、齐全；字码工整；计算准确；绝不能有涂改现象。

要求：每个学生独立操作完成所有角度的观测，独立完成角度的记录与计算。

3）量边。

导线各边的测量，采用全站仪操作如下：

①在被测导线边的一端安置全站仪（对中、整平），在另一端竖立棱镜。

②开机。按 POWER 键，仪器（显示屏）进入测角功能状态。

③瞄准棱镜。打开照准部制动螺旋和望远镜制动螺旋，瞄准竖立在导线边另一端点的棱镜中心。要求望远镜十字丝交点对在棱镜中心。

④按测距功能键，显示屏显示 HD 后面的数字即为要测的导线边的水平距离。

⑤记录。安置一次仪器可测量相邻的两条导线边长度。要求测 2 个测回（即测 2 次）。

要求：每个学生独立操作全站仪测量 1～2 站。

使用钢尺丈量距离采用普通方法（用弹簧秤对钢尺加拉力 100N），往返丈量，其相对误差 $K\leqslant 1/3000$（平坦地区），或 $K\leqslant 1/1000$（困难地区）。

4）定向。

对于独立控制的导线，为了确定导线的方位，需要测量导线起始边的方位角。用罗盘仪来测量。具体方法如下：

①打开三脚架到适当高度，将罗盘仪连接到三脚架上，安置罗盘仪在起始点上（对中、整平）。在定向边的另一端竖立标杆。

②打开水平制动螺旋和望远镜制动螺旋，瞄准定向边的另一端点上的标杆（要求瞄准标杆下部），调节举针螺旋，使小磁针落在顶针上自由摆动，待磁针静止时，读取磁针北端所指度盘刻度数，即为定向边方位角。要求读取度盘刻度数时最小读到 0.5°即可。然后再测量其反方位角。要求 $\alpha_{正}\pm 180°-\alpha_{反}\leqslant 0.5°$，满足要求时，取平均值作为最后结果，即

$$\alpha = \frac{\alpha_{正} + \alpha_{反} \pm 180°}{2}$$

（2）内业计算（填导线计算表进行计算）。

1）角度闭合差计算与调整：

①闭合导线 $f_\beta = \sum\beta_{测} - \sum\beta_{理} = \sum\beta_{测} - (n-2) \times 180°$

②附和导线 $f_\beta = \alpha_{AB} + n \times 180° + \sum\beta - \alpha_{CD}$

允许角度闭合差 $f_{\beta允} = \pm 60''\sqrt{n}$

式中 n——角的个数。

调整数： $v = -\frac{f_\beta}{n}$

2）方位角推算：

利用调整以后的角度和起始方位角推算，其公式为

$$\alpha_{前} = \alpha_{后} \pm 180° \pm \beta$$

式中的$\pm 180°$，若 $\alpha_{后}$ 小于 $180°$则取$+180°$；否则取$-180°$。式中的$\pm\beta$，若β为左角，取$+\beta$；否则取$-\beta$。

要求：由最后一条边的方位再推算已知边的方位角，一定等于已知方位角，否则计算有误。

3）坐标增量推算：

计算公式为

$$\left.\begin{aligned} \Delta x &= D \cdot \cos\alpha \\ \Delta y &= D \cdot \sin\alpha \end{aligned}\right\}$$

4）坐标增量闭合差计算与调整：

①闭合导线
$$\left.\begin{aligned} f_x &= \sum\Delta x_{测} \\ f_y &= \sum\Delta y_{测} \end{aligned}\right\}$$

② 附合导线
$$\left.\begin{aligned} f_x &= \sum\Delta x_{测} - (x_C - x_B) \\ f_y &= \sum\Delta y_{测} - (y_C - y_B) \end{aligned}\right\}$$

全长闭合差 $f = \sqrt{f_x^2 + f_y^2}$

相对闭合差 $K = \frac{f}{\sum D} = \frac{1}{\sum D/f} \leqslant 1/2000$

调整值计算
$$\left.\begin{aligned} \delta_{xi} &= -\frac{f_x}{\sum D}D_i \\ \delta_{yi} &= -\frac{f_y}{\sum D}D_i \end{aligned}\right\}$$

5）坐标计算：
$$\left.\begin{aligned} x_2 &= x_1 + \Delta x_{12改} \\ y_2 &= y_1 + \Delta y_{12改} \end{aligned}\right\}$$
$$\left.\begin{aligned} x_3 &= x_2 + \Delta x_{23改} \\ y_3 &= y_2 + \Delta y_{23改} \end{aligned}\right\}$$
$$\vdots$$

最后推算出起点（或另一已知坐标点）坐标。二者应完全相等，以此作为坐标计算的

校核。

要求：每个学生独立计算一份成果。

2. 图根高程控制

(1) 图根水准测量的主要技术要求如表 26 所示。

表 26 图根水准测量的主要技术要求

仪器类型	1km 高差中误差(mm)	附合路线长度(km)	视线长度(m)	观测次数		往返较差附合或环线闭合差(mm)	
				与已知点联测	附合或闭合路线	平地	山地
S_{10}	20	≤5	≤100	往返各一次	往一次	$\pm 40\sqrt{L}$	$\pm 12\sqrt{n}$

(2) 图根高程点的选择。为了测图方便，一般在选择图根高程点时，以导线点作为高程控制点；为了测量方便，高程控制点的点号与导线点的点号相同。水准路线一般采用导线的路线（也可根据实际情况，自行确定水准路线的形式和走向）。

(3) 水准测量。为了训练学生水准仪的操作和数据的记录计算能力，实习采用四等水准测量进行高程控制测量。

(4) 观测要求。

1) 仪器设备要求：使用 S_3 水准仪，须进行严格的检验和校正；使用双面 3m 水准直尺 1 副，其中一尺红面起始数为 4.687m，另一尺红面起始数为 4.787m。

2) 水准测量一个测站上的观测要求：视线长 $d \leqslant 100$m；前后视距差 $\Delta d \leqslant 3$m；视距差累加值 $\sum \Delta d \leqslant 10$m；$|K+黑-红| \leqslant \pm 3$mm；黑、红面高差之差 $|h_{黑}-(h_{红}\pm 0.1)| \leqslant \pm 5$mm。

3) 每个同学独立完成水准路线观测，独立进行水准路线测量数据的记录和计算。记录要清晰，字码要工整，计算要准确，决不允许有涂改现象发生。

4) 水准路线测量精度要求：

$$f_h = \pm 20\sqrt{L}\ \text{mm} \quad 或 \quad f_h = \pm 6\sqrt{n}\ \text{mm}$$

式中 L——路线长，km；

n——路线上的测站总数。

(5) 内业计算。

计算前应再次检查水准测量记录表中计算是否正确，然后填高程计算表进行计算（按照教材格式绘制高程计算表格）。

1) 高差闭合差计算：

闭合水准路线：
$$f_h = \sum h$$

附合水准路线：
$$f_h = \sum h - (H_{终} - H_{始})$$

2) 允许高差闭合差计算：

$$f_h = \pm 20\sqrt{L}\ \text{mm} \quad 或 \quad f_h = \pm 6\sqrt{n}\ \text{mm}$$

注意：当高差闭合差不能满足要求时，首先检查计算表中的数据转抄是否有误，计算是否正确。若转抄和计算没有问题，一定是外业测量错误，应分析出错的原因和出错的部位，有目的的进行返工查找错误。

3）闭合差调整值计算：

$$v_{hi}=-\frac{f_h}{\sum L}L_i\text{（要求保留到毫米位）}$$

检核：

$$\sum v_{hi}=-f_h$$

4）推算高程：

根据起点已知高程依次计算各点高程。闭合水准路线要由最后一点高程再计算出起点高程，和已知高程一定相等；附合水准路线由起点高程要计算到另一已知高程点，应和已知高程数字相等，依此校核计算是否有误。

要求：每个学生独立计算一份成果。

（二）碎部测量

碎部测量即地形图测绘。采用经纬仪测绘法。

1. 测图前的准备

（1）一个实习组配备：经纬仪 1 架（检校合格），水准尺 1 副，小平板 1 套，40cm×40cm 图纸 1 张，50m 皮尺一盘，量角器 1 块，绘图工具 1 套（绘图铅笔要求 2H 以上），控制测量成果资料。

（2）绘制方格网展绘控制点：

1）采用直尺法绘制 40cm×40cm 坐标方格网（具体方法见教材）。

注意：格线线条粗度为 0.1mm；方格网每小格长度误差不大于 0.2mm；方格网边长误差不大于 0.3mm；方格网对角线长度误差不大于 0.3mm。

2）展绘控制点。

① 确定坐标方格网的起始和终止坐标。本次实习由于采用的是独立坐标系统。图幅范围要将测绘地形图的范围覆盖过来，因此要根据导线点的最小 X 坐标和最小 Y 坐标并考虑控制点到测图的边界距离来确定方格网左下角 X 和 Y 的起始坐标。在确定时，一般要求起点坐标是方格网一小格代表实地长度的整倍数［如比例尺 1∶1000，方格网一小格（10cm）代表实地长度为 100m，那么方格网起始坐标为 100m 的整倍数］。

② 展绘控制点。根据方格网标注的坐标数字和各导线点的坐标用三角板量取各导线点位置，用“十”字表示，并在“十”字右侧画一 8mm 长的横线，横线上标注导线点号码，横线下面标注该点的高程。

3）检验。

检验展点是否正确。方法是：用直尺量取相邻导线点间的图距，与导线坐标计算时采用的该边长度按测图比例尺缩小后的图距（一般称为理论图距）进行比较，要求其差值不大于 0.3mm。若差值超出要求时要重新展绘导线点。

2. 经纬仪测绘法测图

（1）将经纬仪安置在一导线点上，瞄准另一相邻导线点（称为定向），调整水平度盘使其读数为 0°00′00″，量取仪器高度。小平板放在经纬仪一侧，做好绘图准备（将量角器用大头针钉在图纸相应的测站点上；用铅笔在图上的测站点和经纬仪的定向点间连一直线作为量角器量取水平角的起始边）。

（2）立尺人员根据事先商定的跑尺路线，在碎部点上立尺；司仪人员打开经纬仪的水平制动螺旋和望远镜的制动螺旋，瞄准尺子，读取水平度盘读数，再将竖直度盘指标水准管气泡调到居中，读取竖直度盘读数，十字丝下、上、中丝读数，记录员记入手簿。

（3）计算员计算碎部点到测站点间的水平距离、水平角度、高差、高程。

（4）绘图员根据计算员计算出的数据，展绘碎部点。当展绘一定数量的碎部点后，根据地物和地貌情况，勾绘地物轮廓线和地貌等高线（等高距为1m）。在一站测绘完后迁站前，应查看周围地形是否有漏测和测错，待检查无误后方可迁站。

3. 图纸检验与整饰

当完成所要求测绘区域地形图后，先室内检验各种地物符号表达是否正确、有无错误；注记（文字注记和符号注记）是否全面、正确；等高线勾绘是否正确、圆滑，计曲线是否加粗。擦掉不必要的线条。

图外注记：图幅正上方图廓外标注图名或图号；左图廓外下半部分范围竖写测量单位名称；左下图廓外（10cm范围）标注测图说明［①本图采用的坐标系统为国家（或独立）坐标系（若为独立坐标系统，应说明起点名称和起点坐标）；②本图采用的高程系统为黄海（或相对）高程系（若为相对高程系统，应说明以哪点为起点，假定高程是多少）；③测图方法为经纬仪测绘法；④测量时间。］；图幅正中下图廓外标注比例尺；图幅右下图廓外（10cm范围）标注测量员、绘图员、校核员名字（参阅教材注记）。

二、渠道测量（道路、管线测量）

（一）定线

定线是指在地面上确定渠道（道路、管线）中线的起点、交点和终点的位置。其方法有：全站仪定线（渠道、道路、管线）法、根据原有建筑物定线（管线）法、实地踏勘定线（渠道）法。

1. 全站仪定线

依据测量控制点，根据设计部门提供的中线的起点、交点和终点的设计坐标，使用全站仪实地测设。

其操作过程是：将全站仪安置在线路一侧的测量控制点上，开机后按菜单功能键，选取放样操作，在放样选项中选定测站坐标，将测站点坐标输入到仪器里。然后瞄准另一个测量控制点（即后视点），在全站仪放样选项中选定后视选项，然后输入后视点已知测量坐标（或后视边已知方位角），回车确认后，输入要放样点（起点、交点、终点）的设计坐标，回车后屏幕显示要放样的点的水平角和放样点到测站点的水平距离。然后转动照准部，转动照准部的过程中屏幕上要放样的水平角在减小，当减小到0°00′00″时，望远镜视线方向即为要放样点的方向，司棱镜人员根据要放样的距离在望远镜视线方向上约为放样的距离位置竖立棱镜，司仪人员指挥棱镜的对中杆底部竖立在望远镜的纵丝上，然后瞄准棱镜中心，按测量键，屏幕显示当前棱镜到全站仪的实际距离与要放样的距离差（距离差＝当前棱镜到仪器的距离－要放样的距离）。若距离差为负值，说明棱镜距全站仪的距离近，需要向远处走一个距离差，司仪人员通过对讲机指挥棱镜移动；当全站仪显示的距离差等于零时，立镜点即为要放样的点。在此点打上木桩。

2. 踏勘定线

根据渠道（道路、管线）起点位置和地形情况实地选择线路的起点、转折点、终点位置，用木桩标定。选定线路长 200～300m。

3. 根据原有建筑物定线（管线）

在城市建筑区设计的管线，管线的起点、交点、终点和周围的建筑物有固定的位置关系。实地放样这些点时，首先根据设计人员在地形图上设计的管线位置图，图解起点、交点、终点到周围建筑物的距离并绘出位置草图，然后到实地根据建筑物量取要放样的点位，用木桩标定。

以上方法，在实习中根据具体情况选用。

（二）中线测量

从起点开始，设置里程桩，桩距为 20m，将里程桩号标注在里程桩侧面上，字码朝向线路起点。测量交点处转折角，测回法观测一个测回。要求提交渠道中线路线草图。

（三）圆曲线测设（渠道、道路）

圆曲线测设的一般方法有以下几种：

（1）曲线元素计算。

曲线半径 $R=100\text{m}$，根据转折角 α 计算圆曲线元素（切线长 T、圆弧长 L、外矢距 E）。并计算主点。公式如下：

切线长 $$T=R\cdot\tan\frac{\alpha}{2}$$

圆弧长 $$L=\frac{\alpha\pi R}{180^\circ}$$

外矢距 $$E=R\left(\sec\frac{\alpha}{2}-1\right)$$

（2）里程桩号计算公式为

$$ZY\ \text{点里程桩号}=JD\ \text{桩号}-T$$

$$QZ\ \text{点里程桩号}=ZY\ \text{点里程桩号}+L/2$$

$$YZ\ \text{点里程桩号}=ZY\ \text{点里程桩号}+L$$

（3）圆曲线细部点计算。

细部点间距为 10m。采用偏角法计算细部点位置数据。列出数据表，表格格式如表 27 所示。

表 27 圆曲线细部点数据计算表

细部点里程桩号	弧长（m）	偏角	弦长（m）

要求：每个学生提交圆曲线主点和细部点计算数据表。

（4）圆曲线主点测设和圆曲线详细测设。

1）圆曲线主点测设。

将经纬仪安置在 JD 点（交点）上，瞄准渠道来向中线上一里程桩，用钢尺自 JD 始顺望远镜视线方向量取圆曲线切线长 T，用木桩标定 ZY 点；打开经纬仪水平制动螺旋和望远镜制动螺旋瞄准渠道去向中线上一里程桩，用钢尺自 JD 始顺望远镜视线方向量取圆曲线切线长 T，用木桩标定 YZ 点；此时经纬仪不动，调整水平度盘读数为 $0°00'00''$，然后顺时针方向转动照准部，使度盘读数对在 $(180°-\alpha)/2$，然后用钢尺自 JD 始顺望远镜视线方向量取外矢距 E，用木桩标定 QZ 点。并将 ZY 点、YZ 点、QZ 点桩号标在木桩侧面上，字头朝向渠道起点，三主点测设完毕。

2）圆曲线详细测设。

将经纬仪安置在 ZY 点（或 YZ 点）上，瞄准 JD 点，调整水平度盘读数为 $0°00'00''$，根据各细部点计算的偏角和弦长，依次测设各细部点，用木桩标定，并将各细部点里程桩号标注在里程桩上。

曲线测设的精度要求主要有以下几个方面：①沿曲线桩丈量的曲线距离与理论计算距离比较，其不符值应不大于曲线长度的 1/1000，困难地段可放宽为 1/700，并将不符值用目估分配到最后两个曲线桩上。当曲线桩总数超过 10 个时，应在中点和终点两次闭合和配赋。曲线测设横向误差应不大于 0.2m。②全站仪测设圆曲线时根据线路起点和交点的测量坐标计算圆曲线的主点和细部点的测量坐标列表；使用中线一侧的测量控制点（导线点），用全站仪采用前面中线起点、交点和终点的全站仪放样法测设圆曲线的细部点，进而测设圆曲线。

以上测设圆曲线的方法根据实习中仪器的配备情况选取。

（四）线路纵、横断面图测绘

1. 纵断面水准测量和纵断面图绘制

（1）纵断面水准测量：从一已知高程点 BM_0 开始，采用普通水准的测量方法依次测量 0+000、0+020、…各里程桩处的地面高程。水准测量数据记录计算格式按表 28 格式进行。为了检验测量是否发生错误，由于测区高程控制点只有一个，由渠道中线的终点里程桩再测到已知高程点 BM_0 上，形成一闭合水准路线。当闭合差满足精度要求时，说明测量没有发生错误，此时不再调整闭合差，由已知高程点 BM_0 开始推算各里程桩处的地面高程，到渠道中线的终点桩为止。

表 28 纵断面水准记录计算表

测站	点号	后视读数（m）	间视读数（m）	前视读数（m）	视线高程（m）	测点高程（m）	备 注

(2) 绘制纵断面图：在米格纸上绘制。

1) 以中线长度方向作为横坐标轴，以高程作为纵坐标轴，建立直角坐标系。横轴比例尺选择范围1：1000～1：5000；纵轴比例尺选择范围1：100～1：500。

2) 从横轴起点按比例尺依次将各里程桩号0＋000、0＋020、…标注在横轴上，桩号在横轴下相应桩号位置垂直于横轴方向书写，字头朝向起点。

3) 在里程桩号下依次标注各里程桩的地面高程，要求与桩号书写一致。

4) 确定纵轴高程：以里程桩最小高程数字确定坐标纵轴的起点高程（要低于最小高程数还要考虑渠道深度确定，要求为整米数），然后按纵轴比例尺标注纵轴各高程。

5) 绘制纵断面图。

6) 根据指导老师给定的渠底起点设计高程和渠底设计纵向坡度绘制渠底设计线，并计算各里程桩处的渠底设计高程。将计算结果填写在各里程桩地面高程数字下面。

7) 计算各里程桩处的填高和挖深，并将计算结果填写在渠底设计高程数字下面。

8) 在纵断面图上方标注图名和纵横坐标轴比例尺。并标注地表断面线和渠底设计线名称。

以上绘制过程可参照教材上的例子进行。

2. 横断面水准测量和横断面图绘制

(1) 横断面水准测量。采用普通水准测量的方法进行测量，横断面宽度小型渠道一般为中线一侧15～25m。

1) 横断面方向（用经纬仪或方向架）及横断面方向线上地表坡度变化点标定（用木桩）。

2) 横断面水准测量：测量横断面线上各地表坡度变化点的高程。记录并计算高程。记录格式如表29所示。

表29 横断面测量记录表

前视读数（左侧） 水平距离	后视读数 桩号	（右侧）前视读数 水平距离

(2) 绘制横断面图。以横断面线方向为横轴，高程方向为纵轴建立直角坐标系。纵、横比例尺一般选择同一比例尺，范围一般为1：100～1：500。也可选择不同比例尺。根据横断面记录计算表的数据绘出横断面图。

(五) 计算土方

根据设计渠底（管底）高程和渠道（管沟）设计断面尺寸（由指导师给定）计算土方。

(1) 按渠道（管沟）设计断面尺寸和里程桩处管底设计高程将设计断面套绘到横断面图上。

(2) 计算填、挖方面积：渠道（管沟）设计断面线与地表横断面线所围面积即为填、挖方面积。求算面积的方法可采用数方格法或用求积仪量算。

注意：当横断面图的纵横坐标轴比例尺不一致，在计算一个单位格（量）所代表的实地面积大小时，格的纵边长和横边长代表不同的实地长度。然后再计算出总的面积。

(3) 计算土方量：

从 0+000 桩开始，采用计算相邻里程桩间挖、填土方量，再计算总的土方量。根据各里程桩横断面上计算得到的填、挖面积，采用平均断面法计算土方量。

$$V_{1挖}=\frac{A_{0+000挖}+A_{0+020挖}}{2}\times 20$$

$$V_{1填}=\frac{A_{0+000填}+A_{0+020填}}{2}\times 20$$

式中 $V_{1挖}$、$V_{1填}$——0+000 桩至 0+020 桩间（也叫第 1 段）的挖、填土方量，m^3；

$A_{挖}$、$A_{填}$——挖方和填方面积，m^2。

列出土方量计算表，其格式如表 30 所示。

表 30 土方量计算表

桩号	地面高（m）	设计高（m）	应填（m）	应挖（m）	断面面积（m^2）		平均断面面积（m^2）		距离（m）	体积（m^3）			土方（m^3）
					填	挖	填	挖		应填	应挖	实挖	

注 要求每个同学计算一份。

(六) 渠道（管沟）开挖边线的放样

(1) 渠道开口桩、渠底桩、内（外）堤肩桩、坡脚桩放样数据的采集：根据各里程桩的横断面图上渠道（管沟）设计断面和横断面线的套绘图，图解开口桩、渠底桩、内（外）堤肩桩、坡脚桩放样数据。将放样数据按左、右断面列表。

(2) 在各里程桩的横断面线方向上实地测设开口桩、渠底桩、内（外）堤肩桩、坡脚桩，用木桩标定。要在渠底桩上标注下挖的深度，在内、外堤肩桩上标注填土高度，以指导渠道的施工。

(3) 在相邻里程桩横断面上的同名桩之间拉线，然后顺线撒上白石灰粉，即将渠道的开挖边线放样出来，以指导渠道的施工。

三、房屋放线测量实习

放线准备工作如下：

1. 室内准备

(1) 阅读图纸。

图纸的种类包括总平面布置图、建筑施工图、结构施工图。

1) 总平面布置图：了解要放样的房屋和周围建筑物之间的位置关系。采集放样房屋主轴线的放样数据。

2) 建筑施工图。建筑施工图主要表示一栋建筑物的造型，包括以下几种：

a. 建筑平面图。建筑平面图说明建筑物的平面尺寸，轴线位置，内、外墙及隔断墙的厚度，各种房间的用途，门、窗洞口的大小，所用门窗的种类，楼梯间、走道和阳台的位置等。对于不同高差的地面，还注有地面标高。

b. 建筑立面图。建筑立面图表示房屋的外貌构造，外部装饰做法，房屋的标高，门厅、台阶等位置。依据朝向分为东、西、南、北不同方向的立面图。

c. 建筑剖面图。建筑剖面图主要是根据建筑部位的需要在该处假想一垂直平面把房屋剖开，使我们可以看到其内部的构造。一般楼梯间都有剖面图。剖面图上一般标注每层的标高、窗台的高度、地面或顶层的做法等。

d. 建筑详图。建筑详图主要说明建筑物某一部位的细部构造及做法、尺寸等均比较详细。比例尺较大，图较清晰。

3）结构施工图。结构施工图说明房屋主体结构的构造方式，包括以下几种：

a. 基础图。房屋的基础部分属于结构图范围，基础图又分为基础平面图、剖面图、基础大样图，用来说明房屋基础的具体构造。

b. 结构平面图。结构平面图表示房屋骨架的布置。如民用建筑的墙体厚度、使用材料、圈梁布置、楼板位置等；工业厂房的柱网分布，吊车梁、支撑的位置，屋架、屋面板型号及布置等。结构详图是结构施工图中不可缺少的一部分。

c. 结构剖面图。民用建筑预制框架的构造，要用剖面图表示，结合平面图一起使人看了更清楚。工业厂房结构的剖面图是常有的。

d. 结构详图。结构详图主要表示构件的构造。如柱子、梁的断面和配筋，使用材料及标号的说明，屋架的形式、用材、细部尺寸等。

e. 房屋设备图。设备图纸是根据房屋使用的需要而设计的一些设备装置的图纸。如民用建筑的采暖、给水、排水、煤气、通风等设备图，以及工业建筑中的工业管道、厂房内的设备基础等图纸均为设备图。

阅读图纸中要审核图纸，审核就是检查尺寸是否对头（分尺寸和总尺寸的对口，建筑图和结构图的对口）、构造上是否合理、图上尺寸有无遗漏，以及图纸上的不明之处。如发现问题要查明原因，找有关技术部门提出解决的办法。

（2）研究放线顺序做好放线准备。放线人员应对整个建筑物的放线步骤作出安排，使共同工作的几位人员大家心中有数，从而分头做好准备工作。准备必要的仪器、工具、材料等。各实习组在指导老师指导下书面列出放线程序。

2. 现场准备工作

到施工现场进行实地勘察，了解情况及做好现场准备工作。具体准备工作有以下几个方面：

（1）接受建筑红线及坐标桩位。在城市建设中，新建房屋均有规划部门给设计和施工单位规定建筑物的边界位置，限制建筑物边界位置的线称“建筑红线”，确定这条“红线”的两个桩点称为“建筑红线”桩。规划部门在向施工单位交代建筑红线时，就把确定这条红线的两个桩点位置及坐标值交给施工部门及放线人员，俗称为“交桩”。有了桩点及红线，放线人员就可以根据它来测设建筑物的位置，即测出建筑物的控制轴线或建筑物本身的主轴线。

如果新建筑房屋是在原有建筑群中增建的，那么可以根据原有房屋来定位建筑物的位置。这时就不考虑接受建筑红线桩了。

（2）接受水准点。水准点是由国家测绘部门测定的，新建筑物的±0.000 标高所用的绝对标高值，就是根据该水准点引测加以确定的。如果在建筑群中增建房屋，则新建房屋的±0.000 标高所用的绝对标高值，可以参照原有建筑的±0.000 标高来确定，就不一定到当地水准点去引进标高了。

3. 测设房屋主轴线及标高

(1) 测设房屋主轴线。所谓主轴线即房屋的定位轴线，一般为房屋的外围轴线。长方形的建筑由一条纵轴线及一条横轴线就可以决定建筑物的位置。有了定位轴线后，房屋的其他部位都可以根据它放出线来。

房屋主轴线的测设有以下方法：

一种是可根据“建筑红线”的定位桩来测设主轴线；另一种是根据原有建筑和新建房屋的位置关系来测设。具体方法可参照教材讲解的方法。随着现代测量仪器——全站仪的使用，放样主轴线时也可使用全站仪根据建筑区域的原有测量控制点进行。

实习场地受地形条件的限制，现场临时确定房屋放线的场地，在实习班级多、分组多时，房屋的设计位置不能与每组临时给定实习场地位置相符合。所以主轴线的测设，按实习场地进行主轴线定位。方法如下：

1) 在长方形场地的长边一侧，将房屋长度方向的后墙基础轴线一端点首先用木桩标定，并在桩顶钉一小铁钉；然后顺场地长度方向用钢尺量取后墙基础轴线长度打下轴线的另一端点桩，在桩顶钉一小铁钉。

2) 将经纬仪安置在其中一端点上，瞄准另一端点桩，调整度盘变换手轮，使度盘读数为 0°00′00″，转动照准部 90°（或 270°）测设另一条主轴线。同时测设主轴线控制桩(要求距轴线桩 2m)。

检验：主轴线和对角线长度相对误差不大于 1/5000，直角误差不大于 60″。

(2) 标高测设。一栋新建房屋，在设计时根据地形资料一般都在图纸上定出了±0.000的绝对标高值。根据附近的水准点将±0.000 的绝对标高值测设到轴线控制桩上或附近的大树（或电线杆）上，用红漆标注。

4. 细部轴线测设

在轴线两端的轴线桩上拉通小线，拉紧小线后将线挂在桩心小钉上并将线在桩上绕几圈以防松脱。然后用手将小线提起弹下去，使小线平直，中间无搁置及偏差。然后根据图纸上细部轴线的距离，定出各细部轴线的中心桩。

注意：在量尺时钢尺的零点位置必须始终在主轴线起点桩上不动，中间各桩的尺寸必须量起点距，以减小误差积累。

5. 条形基础开挖边线的放样

当各条轴线的中心桩都定完后，按照基础大样图上的基槽的底宽，加上上口应放坡度尺寸，由中心桩向轴线两侧量取开挖线位置，并在量出的尺寸处划一记号，然后在每道中线一侧划出的记号拉通小线，在小线的位置上撒上白灰，这样各道基槽均如此操作，即放样出条形基础的开挖边线，挖土即可按此划出的范围进行施工。

四、上交资料

(1) 地形测量外业记录手簿、内业计算成果表，地形图。

(2) 渠道（管线、道路）测量的纵、横断面水准测量外业记录计算资料，纵、横断面图，土方量计算表，渠道（管沟）开挖线放样数据表。

(3) 房屋主轴线定位数据表及定位方法说明。基础挖土放线，纵、横细部轴线定位数据表和定位方法说明。

(4) 实习报告。

五、成绩评定

从以下几个方面评定：

(1) 仪器设备的使用操作能力（从平时仪器操作和最后仪器操作考试两方面考虑）（占30%）。

(2) 外、内业数据的记录计算能力及放样数据的采集能力（占30%）。

(3) 上交地形图及实习资料的汇编情况（占15%）。

(4) 实习报告的编写情况（占15%）。

(5) 组织纪律、劳动态度、团结协作、爱护仪器情况（占10%）。

实习成绩分为优秀、良好、中、及格、不及格五个等级。

六、编写实习报告

实习结束时，每个学生要完成一份实习报告，报告应反映学生实习的项目、步骤、方法、要求、收获。其格式如下：

(1) 封面：实习名称、地点、起讫日期、班级、组号、编写人和指导老师姓名。

(2) 目录。

(3) 前言：说明实习的目的、任务、要求。

(4) 实习内容：实习项目、作业步骤方法、精度要求、计算成果及有关图表。

(5) 实习总结：主要介绍实习中遇到的技术问题和采取的处理方法，实习收获，对实习的意见和建议。